반려동물을 위한 아로마테라피와 약용식물

Aromatherapy and Medicinal Herbs for Companion Animals

국제아로마테라피임상연구센터

머리말

이 책은 방향성 약용식물에서 추출한 에센셜 오일이나 약초 추출물로 반려동물과 반려인의 몸과 마음의 균형을 회복시켜 건강을 증진시키는 자연요법을 소개하기 위한 책입니다.

반려인이 반려동물과 함께 하는 이유는 대부분 정서적 안정감과 행복감을 얻기 때문이라고 합니다. 아로마테라피와 더불어 약용식물 특유의 향과 약리작용을 활용하면 스트레스를 완화하고 면역력을 높여주며 심신의 균형 회복을 도와 반려인과 반려동물이 동반자로서 더 건강하고 행복한 교감을 나눌 수 있습니다.

우리나라는 반려동물 인구가 1000만 명을 넘어섰고, 반려동물의 건강과 높은 수준의 복지를 제공하는 것에 대한 관심도 함께 높아지고 있습니다. 그러나 정확하지 않은 대체요법이나 자가 치료 등으로 오히려 반려동물 건강에 문제를 일으키는 경우 또한 많아지고 있습니다.

기본적으로 반려동물의 심각한 건강문제는 반드시 수의사의 진단과 치료가 우선되어야 하며 이 책의 대체보완요법은 평소 건강을 돕기 위한 방법이며 치료에 있어서는 보조적인 수단이 되어야 합니다.

반려동물을 사랑하는 아로마테라피전문가, 수의사, 한의사인 저자들은 이 책의 오일과 약용식물이 반려동물과 그들의 반려인 모두에게 안전하고 정확하게 사용될 수 있도록 많은 고민을 하였습니다. 특히 개인이 임의로 사용하게 될 에센셜 오일과 약용식물은 정확한 방법으로 정량을 제 때에 적용해야 하므로 주의사항을 인지시키고 안전하고 효과적인 적용을 제시하기 위해 주의를 기울였습니다.

아로마테라피와 약용식물은 고질적인 반려견의 피부병 완화에 도움이 될 뿐만 아니라 다양한 용도로 활용할 수 있는 자연이 주신 선물입니다. 또 그 과정에서 보호자분들에게도 치유의 향기를 경험할 수 있도록 해줍니다. 이 책이 반려견과 보호자분의 건강하고 행복한 반려생활에 도움이 되었으면 합니다.

저자일동

차 례

Part Ⅰ 아로마테라피의 원리와 적용

Part II 약용식물의 원리와 적용

Part Ⅲ

동물을 위한 아로마테라피

Part Ⅰ 아로마테라피의 원리와 적용

Aromatherapy for Companion Animals

❖ 안전수칙

이 장은 반려동물 심신의 건강관리에 아로마테라피를 정확하고 안전하게 적용하기 위한 방법과 임상연구 관련 정보를 상세히 전달하기 위해 노력했다. 에센셜 오일, 캐리어 오일, 하이드로졸을 안전하게 적용하려면 반드시 소량을 단기간 사용하면서 테스트한 후에 점차 양을 늘려가야 한다. 부작용이 있을 경우 반드시 사용을 중단하고 바로 전문아로마테라피스트, 수의사와 상의해야 한다.

01

아로마테라피의 원리와 역사

아로마테라피(Aromatherapy)는 그리스어에서 유래된 말로, 향기라는 뜻의 '아로마(Aroma)'와 치유라는 뜻의 '테라피(Therapy)'의 합성어이다. 방향성 약용식물에서 추출한 특유의 향을 가진 순수 식물성 오일을 이용하여 인간과 동물의 몸과 마음의 균형을 회복시켜 신체의 항상성(homeostasis) 유지를 목표로 하는 자연요법(natural therapy) 중 하나이다.

아로마테라피는 심신의 부조화와 불균형 상태를 표면적으로 나타난 신체적 증상과 더불어 환경적, 정신적, 정서적 근본원인까지 고려하여 정상화되도록 돕는 전인요법(holistic therapy)이다.

1. 아로마테라피의 원리

아로마테라피는 100% 자연에서 추출한 에센셜 오일을 사용하여 몸의 면역력을 높이고 생체 방어 시스템을 활발하게 하여 건강을 증진시키고 회복을 돕는다. 에센셜 오일은 신체가 항상성을 유지할 수 있도록 도와주는 복합적이고 잠재적인 약효가 있는 물질로 치유효능을 정확히 이해하고 안전하게 사용할 경우 부작용이 거의 없다. 그러나 반려동물의 경우 소량에도 큰 영향을 받을 수 있으므로 주의하여 사용해야 한다.

모든 식물이 에센셜 오일을 함유하고 있는 것은 아니지만 향은 식물 자체의 생명 주기와 발아 과정에서 중요한 역할을 담당하고 있으며 질병에 대항하는 힘을 갖는다. 에센셜 오일의 향기 입자가 호흡을 통해 흡수되는 경우 코의 후각신경을 자극하고 뇌로 전달된다. 이때 본능과 감정을 관장하는 변연계와 시상하부 등 중추신경계 전반에 걸쳐 작용하여 긍정적인 심리적, 신경적 변화를 일으킨다. 또한, 에센셜 오일이 피부와 구강을 통해 체내로 유입되는 경우 혈관이나 장기로 흡수되어 신체의 각 부분에 긍정적인 영향을 주게 된다.

2. 일반적인 아로마테라피의 효과

아로마테라피는 스트레스와 긴장을 감소시켜 심신의 균형을 유지하고 건강한 삶을 구현한다. 항미생물 효과가 있으며 자극 효과로 면역계를 강화시켜 질병의 예방과 치유에 도움이 되고, 염증과 통증을 완화시키고 세포재생을 도와주는 효과가 있다. 혈액과 림프 순환작용을 조절하며 전반적인 신체기능의 균형을 잡아준다.

3. 아로마테라피의 역사

"휘발성 에센스는 인류의 여명기부터 사람들을 치료해왔다."
– 르네 모리스 가트포세 –

1975년 고고학자 파올로 로베스티(Paolo Rovesti)박사는 인더스강 유역 문명 유적탐사 중 히말라야 기슭의 탁실라(Taxila) 박물관에서 완벽한 상태로 보존된 증류장치가 보관되어 있는 것을 발견하였으며 기원전 3000년경 이미 아로마 오일들이 제조되었음을 증명하였다.

(1) 인도

인간의 삶의 방법과 철학 등의 전인적치료에 대한 기록이 남아있는 아유르베다(Ayurvedic Medicine)는 5천년 이상 활용되어 온 전통 인도 의학체계로 '모든 인간은 스스로 자신의 질병을 치유할 수 있는 능력을 갖고 있다'는 것을 기본 철학으로 한다. BC 3세기 아소카왕 시대에는 많은 약용식물이 재배되었으며, 현재도 인도의 많은 약용 식물이 서양 의학의 치료제나 아로마테라피에 이용되고 있다.

(2) 이집트

주술의 힘과 시체를 잘 보전하면 사후세계에서 영생을 보장받는다고 믿었던 고대 이집트에서는 다양한 에센셜 오일을 사용하였는데 기원전 2800년 쿠푸(Khufu)왕이 통치하던 시기의 파피루스에는 시체를 보전 처리할 때 살균, 세포재생 및 방부효과가 탁월한 멀(Myrrh)과 유향(Frankincense)을 사용했다는 기록이 남아있다.

(3) 그리스 · 로마

의학의 아버지라 불리는 그리스의 히포크라테스(Hippocrates)는 주니퍼, 프랑킨센스, 멀, 로즈 등의 식물을 의학적으로 사용하였다. 또한, 식물을 이용한 훈증 소독과 찜질을 처방하기도

하였고 아로마 목욕과 향유를 바르면 건강을 유지할 수 있다고 기술할 정도로 방향식물을 이용한 향기요법의 효과를 확신했다.

로마제국이 확장됨에 따라 로마 군인들의 상비약인 약용식물들이 유럽 전역으로 전파되었는데, 향유가 상처를 치유하거나 불쾌한 냄새를 중화하고 질병이나 오염된 냄새를 막을 수 있다고 인식하였다.

(4) 아랍

11세기 아랍의 물리학자이자 의학자인 아비세나(Avicenna)는 많은 책을 저술하였는데 그의 저서 <Canon of Medicine>은 약용식물을 이용한 치료 및 마사지에 대한 내용이 포함되어 있으며 수세기 동안 유럽의 권위 있는 의학서로 사용되었다. 아비세나는 이슬람의 보물이라 불리는 장미의 연구에 헌신하였고 그가 발명한 냉각코일은 증류법에 혁신적인 변화를 이루어낸 것으로 순수한 로즈 에센셜 오일과 로즈워터를 생산하는 데 사용되었다.

(5) 중세 유럽

중세 유럽에서 향기 문화가 급속히 발달한 계기는 14세기 중세 유럽 인구의 1/3이 희생된 흑사병 등 각종 전염병의 창궐 때문이었다. 의사들은 전염병이 공기에 의해 전염된다고 생각하여 향료 사용을 적극 권장하고 창가에 허브를 놓아두고 벽난로에서는 향나무를 태우고 외출할 때도 향료를 들고 다니기도 하였다. 당시에는 코로 흡입된 약물이 먹는 약보다 뇌나 영혼에 더 빨리 작용한다고 생각하여 향료의 수요가 급격하게 늘어나게 되었다.

(6) 근대 유럽

19세기 산업혁명 이후 화학의 발달로 에센셜 오일의 성분을 파악하는 등 과학적 측면의 연구가 활발해졌으나 저비용의 합성약제와 치료제 등 서구의 전통의학이 발달함에 따라 과학적 연구가 상대적으로 부족했던 자연요법, 약초의학, 아로마테라피는 20세기 중반에 이르기까지 향수, 화장품, 향신료 등 향취적인 측면에서 제한적으로 이어졌다.

프랑스에서는 화학자인 르네 모리스 가트포세(Rene Maurice Gattefosse)가 실험 중 폭발사고로 화상을 입은 손을 라벤더 오일에 담근 후 화상이 치유되는 경험을 하면서 에센셜 오일의 치료적 특성에 대하여 과학적으로 연구하였다. 그는 제1차 세계대전 중에 화상이나 부상자의 상처치료에 아로마테라피를 사용하였고 1928년 과학잡지를 통해 'Aromatherapy'라는 용어를 처음 사용하였다.

의사이며 과학자인 장 발넷(Jean Valet)은 에센셜 오일을 인도차이나 전쟁 당시 군인들 치료에 활용하였으며 그의 책 <The Practice of Aromatherapy>는 임상 아로마테라피의 바이블이라 불린다.

생화학자 마가릿 모리(Marguerite Maury)는 뷰티테라피로서의 아로마테라피를 적용하여 연구하였으며 '개개인의 특성에 따른 정확한 아로마 조합'이라는 공식을 만들어 치유와 일반적인 건강문제에 있어서 많은 성과를 거두었고, 에센셜 오일과 캐리어 오일을 섞어 최초로 체계적인 마사지 법을 만들어 적용했다.

영국의 아로마테라피스트인 로버트 티저랜드(Robert B. Tisserand)는 최초의 영문 아로마테라피 책인 <The art of Aromatherapy>를 집필하여 전 세계적으로 널리 아로마테라피를 알리는데 기여하였다.

4. 동물을 위한 아로마테라피의 역사

영국의 동물 아로마테라피스트인 캐롤라인 잉그러햄(Caroline Ingraham)은 로버트 티저랜드와 함께 아로마테라피를 연구했다. 1980년대 자신의 동물들을 대상으로 아로마테라피를 실행했으며 그 결과는 상당히 고무적이었다. 이후 수의사와 함께 아로마테라피를 임상 연구하며 1995년 동물을 위한 아로마테라피스트를 양성하기 시작했다.

프랑스에서 동물을 위한 아로마테라피는 자연 치료사인 넬리 구로잔(Nelly Grosjean)의 1957년 저서가 그 시작으로 고양이, 개, 말, 새 등 반려동물에 아로마테라피의 적용방법에 대해 설명했다. 현재 개, 고양이뿐 아니라 소동물과 대동물에 대한 아로마테라피에 대한 연구가 활발히 진행 중이며 특히 각 동물의 식성, 해부학적 특징 등에 따라 에센셜 오일의 적용과 적용결과가 다른 점, 하이드로졸이 동물에 미치는 영향 등 다양한 분야의 연구결과들이 발표되고 있다.

02

에센셜 오일의 특성과 추출 부위

1. 에센셜 오일의 특성

방향성 약용 식물에서 추출한 에센셜 오일의 특성은 다음과 같다.

(1) 에센셜 오일은 각각 특유의 향이 있다.

(2) 에센셜 오일은 고농도의 원액이므로 반드시 캐리어 오일 또는 크림 베이스 등에 희석해서 사용한다.

(3) 에센셜 오일은 지용성으로 기름에 잘 용해된다.

(4) 에센셜 오일은 알코올에 잘 용해된다.

(5) 에센셜 오일은 휘발성이 있어 공기 중으로 빨리 증발된다.

(6) 오일이지만 끈적임이 없고, 보통 촉감이 가볍다.

(7) 가연성이므로 열과 가까이 두지 않고 서늘한 곳에 차광병에 넣어 보관한다.

(8) 일반적으로 실온에서 액체 상태이다.

(9) 대부분 무색 또는 옅은 노란색이다. 단, 카모마일 저먼(짙푸른색), 버가못(옅은 녹색), 로즈(용매추출법의 경우 적갈색) 등은 예외이다.

(10) 유기화합물이므로 빛, 온도, 공기, 시간에 민감하게 반응한다.

2. 에센셜 오일의 추출 부위

식물의 방향 성분인 에센스는 방향성 식물체의 꽃, 열매, 껍질, 잎, 줄기, 뿌리 등의 표면이나 세포 내의 작은 오일 분비낭 등에 미량 함유되어 있다. 에센스를 함유하고 있는 식물에 증기나 압력 등을 가하여 추출해낸 성분이 에센셜 오일인데, 각 식물의 종과 추출 부위에 따라 성분, 효능, 품질이 다른 에센셜 오일이 생산된다. 추출 부위별로 에센셜 오일을 분류하면 다음과 같다.

(1) 꽃

라벤더, 로즈, 로즈마리, 마조람, 바질, 스피어민트, 일랑일랑, 제라늄, 카모마일, 클라리 세이지, 타임, 페퍼민트, 헬리크리섬, 히솝 등

(2) 잎

라벤사라, 레몬그라스, 로즈마리, 마조람, 바질, 스피어민트, 유칼립투스, 제라늄, 클라리 세이지, 타임, 티트리, 패출리, 페퍼민트, 히솝 등

(3) 열매의 껍질

그레이프프룻, 레몬, 버가못, 오렌지 스윗 등

(4) 열매, 씨앗

넛멕, 주니퍼 베리 등

(5) 수지

멀, 프랑킨센스 등

(6) 목재

시더우드 등

(7) 뿌리

발레리안 루트, 베티베르, 진저 등

03

에센셜 오일의 흡수 경로

에센셜 오일의 향기입자가 비강의 섬모에 있는 후각수용체와 결합되면 전기적 신경전달신호로 변형되어 사람과 반려동물의 체내의 자율신경계, 내분비계, 면역계 등에 큰 영향을 미친다. 에센셜 오일은 다음과 같은 경로를 통해 흡수된다.

1. 호흡–폐를 통한 흡수

호흡을 통해 체내에 들어온 에센셜 오일의 향기 입자의 전기적 전달신호가 뇌에 전달되어, 감정, 공포, 분노, 슬픔, 체온, 심박동, 혈압 등을 조절한다. 그리고 폐포까지 도달한 향기입자는 혈액의 흐름을 따라 온몸을 순환하며 치유작용을 하고 땀과 대소변을 통해 체외로 배출된다.

2. 자극–피부를 통한 흡수

에센셜 오일 입자는 지용성이며, 매우 미세하여 피부를 통해 잘 흡수된다. 흡수된 에센셜 오일은 혈관을 통해 온몸을 순환하며 치유작용을 하고 신장, 폐, 피부 등을 통해 체외로 배출된다.

3. 섭취–구강을 통한 흡수

에센셜 오일을 복용하는 것은 프랑스에서만 의사들의 처방에 따라 이루어지고 있으며 영국을 비롯한 유럽, 미국 등에서는 금하고 있다. 에센셜 오일은 농도가 진한 원액으로 소화기관에 영향을 미칠 수 있고 소화액에 의해 그 효능이 변하거나 독성으로 작용될 수 있기 때문에 전세계적으로 에센셜 오일을 구강으로 복용하는 경우에 우려를 표명하고 있다.

에센셜 오일 화학

에센셜 오일은 수많은 화학적 구성성분들로 이루어져 있는 복잡한 화합물로, 체내에 흡수되면 각각의 화학 성분들은 조직세포와 기관에 직간접적으로 영향을 준다. 그러므로 에센셜 오일을 구성하는 분자들의 화학적 특성을 이해하면 에센셜 오일이 어떤 원리로 치료적 효능을 보이는지 알 수 있고, 에센셜 오일의 화학적 구성성분과 치료효능 간의 연관성을 이해하면 더욱 안전하고 효과적으로 에센셜 오일을 적용할 수 있다.

에센셜 오일을 이루고 있는 화학 성분들은 그 구성 및 구조에 따라서 몇 개의 그룹으로 나누어지며, 각 그룹의 화학적 특징 및 효과를 바탕으로 에센셜 오일의 성질과 효능을 알 수 있다.

1. 모노터펜(monoterpenes)

모노터펜은 에센셜 오일을 구성하는 가장 대표적인 유기분자로 대부분의 오일에 함유되어 있다. 모노터펜 성분이 많은 에센셜 오일들은 색이 비교적 투명하고 점도가 약하며 휘발성이 높다.

치료적 효능	대표 에센셜 오일
1. 살균, 항균, 항진균, 항바이러스, 살충 효과 2. 수분 배출 효과 3. 점막을 부드럽게 하여 충혈 완화 효과	그레이프프룻, 오렌지 스윗, 주니퍼 베리 등 주의 • 쉽게 산화한다. • 산화된 오일은 피부자극이 있다.

2. 세스퀴터펜(sesquiterpenes)

세스퀴터펜은 주로 나무, 뿌리 또는 국화과 식물에서 추출하는 에센셜 오일에 많이 함유되어 있다.

치료적 효능	대표 에센셜 오일
1. 항염, 항균, 항바이러스, 항히스타민, 항알러지, 항경련, 신경진정 효과 2. 약간의 해열 및 혈압강하 효과	멀, 시더우드, 진저, 카모마일 저먼, 패출리 등

3. 알코올(alcohols)

알코올은 안전하고 부작용이 거의 없어, 어린이나 노인, 동물에게 가장 안전하게 사용할 수 있는 성분 중 하나이다.

치료적 효능	대표 에센셜 오일
1. 강력한 항균, 항진균 효과 2. 신경계 강장, 고양 효과 3. 면역자극, 면역강화 효과 4. 국소적 마취, 진통 효과	라벤더, 로즈, 버가못, 시트로넬라, 제라늄 등

4. 페놀(phenols)

페놀은 향이 강하고, 알코올보다 항균성이 강하며 피부와 점막에 자극이 심하다.

치료적 효능	대표 에센셜 오일
1. 강력한 항균, 항감염, 항바이러스 효과 2. 혈액순환을 자극하여 수족냉증, 뻣뻣한 근육 개선에 효과 3. 중추신경계 자극, 면역자극 활성, 혈압상승 효과	넛멕, 시나몬, 타임 등
	주의 • 피부, 점막에 매우 자극적이므로 반드시 희석하여 사용한다. • 중추신경계나 간을 손상시킬 수 있으므로 다량 또는 장기간 이용을 피한다.

5. 에테르(ethers)

에테르는 향이 강하며, 산화내성이 있어서 열이나 빛에 그다지 반응하지 않고 안정적이다.

치료적 효능	대표 에센셜 오일
1. 강력한 항균성으로 항감염 효과와 뛰어난 항생 효과 2. 진정, 항경련, 진통 및 이완 작용 효과 3. 소화기의 신경성 경련이나 근육 뭉침에 효과	엑조틱 바질 등
	주의 • 체내 체류시간이 길어 간독성과 신경독성이 있으므로 다량 또는 장기간의 이용을 피한다.

6. 알데하이드(aldehydes)

알데하이드는 과일향, 주로 레몬향이 나고, 피부자극이 있다.

치료적 효능	대표 에센셜 오일
1. 항바이러스, 항균작용으로 전염 예방 효과 2. 항염, 혈압 강하, 항류머티즘 효과 3. 중추신경계의 진정, 이완 효과	레몬그라스, 시트로넬라, 멜리사 등 주의 • 피부점막, 민감성 피부 및 알러지 피부에 약간 자극적이며, 국소적 염증유발 가능성이 있다.

7. 케톤(ketones)

케톤은 강한 민트-캠퍼향이 나고 매우 안정적이며, 잘 산화되지 않고, 간에서 잘 분해되지 않는다.

치료적 효능	대표 에센셜 오일
1. 피부세포조직 형성을 촉진하므로 외상치료(상처, 흉터, 화상)에 효과 2. 강력한 거담제로 호흡계 질환, 만성 기관지 질환, 가래기침, 호흡곤란을 완화 효과 3. 신경조직 강화, 세포 재생 효과, 신경계 진정 및 진통, 항염 효과	로즈마리, 페퍼민트 등 주의 • 케톤은 잠재된 유독성으로 특히 주의해야 하고, 소량만을 사용하고 장기간 반복 사용하지 않도록 한다.

8. 에스테르(esters)

에스테르는 꽃향이나 숙성한 과일향이 난다. 체내에서 쉽게 배출되어 안전하고 피부에 해가 없는 성분이다.

치료적 효능	대표 에센셜 오일
1. 항진균 효과, 항경련 및 진정 효과 2. 피부 염증에 진정 및 항염 효과 3. 심신의 조화와 균형을 유지하는 효과	라벤더, 로즈, 마조람, 버가못, 제라늄, 클라리 세이지 등

9. 옥사이드(oxides 산화물)

옥사이드는 향이 매우 강하고, 고온, 공기, 물에 장시간 노출 시 빨리 산화된다.

치료적 효능	대표 에센셜 오일
1. 점액용해와 울혈완화작용을 하므로 호흡기계 질환완화에 효과 2. 신경계 자극으로 활기가 생긴다. 3. 강력한 항감염, 항균, 항바이러스 효과	니아울리, 로즈마리, 유칼립투스, 티트리 등 주의 • 1,8-cineole은 신경 독성이 있고, 향이 강하여 점막에 자극적이다.

10. 락톤 & 쿠마린(lactones & coumarines)

락톤과 쿠마린은 쉽게 산화되지 않으며 휘발성이 낮아 오래 지속되며 흙향이 강하다.

치료적 효능	대표 에센셜 오일
1. 거담 효과 2. 항염, 항균, 항진균, 항바이러스 효과 3. 근육이완 효과	냉압착 시트러스계 오일(특히 버가못, 라임) 등 주의 • 피부에 색소 침착을 일으키는 광독성(phototoxicity)이 있다.

11. 산(acids)

산은 휘발성이 낮아 증기 추출 시에는 에센셜 오일보다는 하이드로졸에 많이 함유된다.

치료적 효능	대표 에센셜 오일
1. 항염 효과 2. 해열, 혈압 강하 효과 3. 진정 효과	네롤리, 로즈, 벤조인, 일랑일랑, 제라늄 등

05

에센셜 오일 적용 시 주의사항

에센셜 오일은 자연 성분 그대로 추출된 것이므로 정확한 기준에 따라 적정량을 정확한 용법에 따라 사용할 경우 매우 안전하다. 그러나 과용하거나 오용하는 경우 부작용이 생길 수도 있고, 주의가 필요한 오일이나 아로마테라피에 사용할 수 없는 오일도 있다.

후각이 발달한 반려동물은 에센셜 오일에 예민하게 반응을 할 수 있으므로 강한 농도로 자극적인 오일은 피한다. 반려동물에게 아로마테라피를 적용할 때 사람 역시 영향을 받을 수도 있다. 특히 고양이와 함께 있는 장소에서는 에센셜 오일을 사용하지 않도록 한다.

일반적으로 주의할 사항은 다음과 같다.

1. 아로마테라피에서 주의해야 할 오일

(1) 아로마테라피로 사용이 금지된 오일

아래의 오일은 사용 시 신체 기관, 신경계 등에 손상을 입을 수 있는 독성이 함유되어 있는 오일이므로 에센셜 오일의 형태로는 절대 사용해서는 안 된다.

- 애니시드, 아니카, 비터아몬드, 비터펜넬, 캄포 옐로 & 브라운, 카시아, 시나몬 바크, 드워프파인, 머그워트, 오리가넘, 페니로열, 루, 세이지, 사사프러스, 타라곤, 탄지, 투자, 윈터그린, 웜시드, 웜우드, 사빈, 사보리, 사우던우드, 엘리캠페인, 호스래디시, 머스터드, 칼라무스

(2) 임신 중 조심해야 할 오일

- 통경 오일(emmenagogue oil)
  바질, 캐롯시드, 카모마일, 클라리 세이지, 펜넬, 프랑킨센스, 라벤더, 마조람, 멜리사, 로즈, 로즈마리

- 이뇨 오일(diuretics oil)
  시더우드, 카모마일, 사이프러스, 펜넬, 제라늄, 그레이프프룻, 주니퍼 베리, 파인, 로즈, 로즈마리, 샌달우드

- 해산 오일(parturients oil)

  클라리 세이지, 멜리사, 쟈스민, 프랑킨센스, 주니퍼 베리, 멀, 로즈

- 유산 촉진 오일(abortifacient oil)

  머그워트, 파슬리시드, 페니로열, 루, 사사프라스, 사빈, 투자, 탄지, 웜우드

- 자궁 자극 오일(Uterine stimulants oil)

  세이지, 클로브, 프랑킨센스, 쟈스민, 멀, 로즈

- 에스트로겐 오일(oestrogenic oil)

  펜넬, 쟈스민

※ 임신 초기 3개월간은 가능한 어떤 오일도 사용하지 않는 것이 좋고, 임신 3개월 이후에 가장 안전한 오일은 만다린이다. 반려동물은 1개월을 기준으로 한다.

(3) 뇌전증인 경우 금해야 할 오일

유칼립투스, 펜넬, 히솝, 로즈마리, 세이지

(4) 민감성 피부 또는 피부 알러지가 있는 경우 금해야 할 오일

바질, 블랙페퍼, 클로브, 진저, 레몬, 레몬그라스, 멜리사, 오렌지 스윗, 페퍼민트, 타임, 티트리

(5) 광감성 오일

버가못, 그레이프프룻, 레몬, 라임, 오렌지 스윗, 패출리, 만다린

(6) 고혈압인 경우 금해야 할 오일

히솝, 로즈마리, 세이지, 타임

(7) 저혈압인 경우 금해야 할 오일

라벤더, 멜리사, 일랑일랑, 클라리 세이지, 마조람

(8) 신장관련 질환이 있는 경우 금해야 할 오일

주니퍼 베리

(9) 간질환인 경우 금해야 할 오일

펜넬, 바질, 시나몬, 클로브

(10) 식물성 에스트로겐(Phyto-oestrogens) 성분으로 여성암에 금해야 할 오일

펜넬, 애니시드, 세이지, 사이프러스, 안젤리카, 카라웨이, 클라리 세이지

(11) 동종 요법 적용 중에는 금해야 할 오일

페퍼민트, 로즈마리, 블랙페퍼, 유칼립투스

※ 알러지와 패치 테스트(patch test)

알러지가 있는 경우 반드시 피부테스트를 한다. 희석한 에센셜 오일 1방울을 팔꿈치 안쪽이나 귀 뒤쪽에 바르고 24~48시간 정도 피부에 미치는 자극성을 확인한 후 사용한다.

2. 반려동물에게 적용 시 주의해야 할 점

사람에게 안전하고 긍정적인 효과를 내는 에센셜 오일이 반려동물에게도 반드시 안전한 것은 아니다. 반려동물에게는 피부자극이나 가려움을 유발하기도 하고, 동물에 따라서 화학성분을 분해할 효소가 부족하여 독성으로 작용하기도 하며, 과용하면 치명적인 부작용이 초래되기도 한다. 반려동물에게 아로마테라피를 적용할 때는 안전한 오일을 선택하여 반드시 희석하고, 소량을 단기적으로 사용한다.

(1) 작은 반려동물(아직 어린 동물, 새 등)과 아로마테라피

작은 반려동물은 에센셜 오일을 심신의 치유에 효과적으로 받아들이기 어렵기 때문에 사용하지 않는 것이 좋다. 작은 반려동물에게는 에센셜 오일 보다 하이드로졸이 안전하고 더 효과적이라고 알려져 있다. 하이드로졸을 사용할 경우 증상에 따라 최대한 희석하여 사용한다.

(2) 장기간 사용 금지

한 가지 오일을 장기간 사용할 경우 내성이 생기는 등 부작용이 나타날 수 있으므로 최장 3개월 이내로 사용하고 다른 오일로 바꾸는 것이 좋다. 티트리를 장기간 사용했을 때 반려동물이 균형을 잡지 못하거나 몸놀림이 둔해지고, 우울한 느낌을 보이는 등 부작용이 보고된 바 있고, 사람에게 비교적 안전한 라벤더도 호르몬 교란의 가능성이 우려되므로 주의한다.

(3) 과량 사용

과다 사용할 경우 부작용이 나타날 수 있으므로 적정량을 사용하는 것이 좋다. 안전한

오일로 알려진 라벤더와 티트리도 희석하지 않은 원액을 다량으로 장기간 사용할 경우 알러지 반응을 유발할 수 있으므로 주의한다.

(4) 고양이에게 사용해서 안 되는 오일

모노터펜이나 페놀 등이 다량 함유된 에센셜 오일의 경우, 고양이의 간은 이들 화학 성분을 분해하고 배출하는 효소가 부족하여 몸에 축적되므로 간기능 손상, 중독 등 심각한 부작용을 초래할 수 있기 때문에 특히 주의하여야 한다. 필요한 경우 에센셜 오일이 아닌 하이드로졸을 사용하도록 하며 적용하는 동안 반드시 반응을 살핀다.

- 모노터펜 함량이 높은 오일

  레몬, 라임, 오렌지 스윗, 버가못, 파인, 만다린, 그레이프프룻, 탄저린, 스프루스, 퍼 등

- 페놀 함량이 높은 오일

  시나몬, 클로브, 타임, 오레가노, 사보리 등

(5) 자극성 오일

페퍼민트, 유칼립투스, 니아울리, 로즈마리 등의 자극성 오일은 반드시 낮은 농도로 희석하여 사용한다.

(6) 임신한 반려동물에게 사용해서는 안 되는 오일

임신한 반려동물에게는 아로마테라피를 가급적 자제하거나 매우 신중하게 적용해야 한다. 바질, 클라리 세이지, 일랑일랑, 시나몬, 타임, 로즈마리 등은 유산 가능성이 있으므로 사용하지 않는다. 특히, 로즈마리는 임신 중 자궁경련을 유발할 수 있기 때문에 사용하지 않는다.

(7) 자극에 민감한 부위

눈, 코, 생식기 주위와 점막 등은 자극에 민감한 부위이므로 에센셜 오일이 직접 닿지 않도록 특히 주의한다.

(8) 환경 개선

반려동물에게 아로마테라피 적용 시, 비위생적이거나 소음이 있는 등의 부적절한 환경에서는 편안하게 아로마테라피를 적용할 수 없으므로 우선 환경을 개선해야 한다. 심신의 상태가 매우 약한 경우나 심한 흥분, 쇼크, 통증, 공포 등의 상태에서는 피하는 것이 좋다. 이런 경우에는 먼저 수의사의 전문적인 치료를 받아야 한다.

06

에센셜 오일의 구매와 보관

1. 에센셜 오일의 상업적 변형

아로마테라피에서 에센셜 오일의 구매와 보관 방법은 품질에 영향을 미치므로 중요하다.

다음과 같이 상업적으로 변형한 오일은 구매하지 않는다.

(1) 희석

장미, 쟈스민 등 고가의 에센셜 오일은 양을 늘리기 위해 캐리어 오일이나 에탄올에 희석하여 판매하는 경우가 있으니 주의한다.

(2) 품질 저하

에센셜 오일의 유효기간이 지났거나 보관환경이 좋지 않을 경우 품질 저하에 주의한다.

(3) 섞음질

에센셜 오일에 다른 성분을 첨가 또는 대체하여 오일의 양을 늘리는 방법을 섞음질이라고 하는데, 혼합된 합성 오일은 절대 아로마테라피에 사용해선 안 된다.

2. 에센셜 오일의 구분 방법

(1) 오일을 물에 떨어뜨렸을 때 뚜렷한 모양으로 수면에 뜨는지 확인한다.

(2) 종이에 오일을 한 방울 떨어뜨려 기름자국이 남지 않고 깨끗이 증발되는지 확인한다.

(3) 손가락으로 비벼 보았을 때 유분감 없이 가볍게 느껴지는지 확인한다.

(4) 향에서 알코올 냄새가 나는지 확인한다.

(5) 향이 유독 자극적으로 강하거나 달콤한 인공적인 향이 아닌지 확인한다.

3. 에센셜 오일의 구매 방법

(1) 오일병 라벨에 원산지, 추출 부위, 학명(라틴명), 추출법 등을 확인한다.

(2) 오일 가격이 너무 저렴하거나 매장의 여러 가지 오일의 가격이 동일한 경우 순수 에센셜 오일이 맞는지 다시 확인할 필요가 있다.

(3) 합성 오일은 아로마테라피에 사용하지 않는다.

(4) 메디칼(medical) 또는 테라피(therapy) 등급의 에센셜 오일을 구입하며 유기농(organic), 야생(wild) 오일은 일반 재배 오일보다 더 높은 등급으로 인정된다.

(5) 제조일자 또는 유효기간을 확인한다.

• 에센셜 오일 라벨 읽는 법

Botanical origin: France 5
CAUTION: Not to be taken internally.
Avoid during pregnancy. Dilute to 2%
or less in a carrier oil before skin
application. Keep away from eye and
children. Store in a cool place. 6

LAVENDER 1
(*Lavandula angustifolia*) 2
Made in U. K. 3
Net 10ml 4
IACC
국제아로마테라피 임상연구센터
9 **International Aromatherapy Clinical Center**
10 part: leaves
11 extraction: steam distillation
12 best before: 09/21

Pure and Natural Essential Oil
Mount Farm, Glroad, Devon
www.iaccaroma.com
Tel: 070 7136 1272 Fax: 02 2643 1206
Manufacture Date: 09/14 7
Batch No.: BWBASIN0123456 8

1. 영문 오일명(English Name)
2. 라틴학명(Botanical Name)
3. 제품 생산국(Origin of production)
4. 오일 용량
5. 식물 재배지(botanical origin)
6. 사용 시 주의사항
7. 제조년월(Manufacture Date)
8. 제조번호
9. 판매회사명
10. 추출 부위
11. 추출방법
12. 유효기간

에센셜 오일의 블렌딩(Blending)

아로마테라피를 적용 시 에센셜 오일을 3가지 이하로 섞거나 캐리어 오일 등에 희석하는 것을 블렌딩이라 한다. 에센셜 오일은 단독으로 사용하는 것보다 적절한 에센셜 오일을 섞어 사용할 때 상승효과를 얻을 수 있다. 블렌딩의 목적은 반려동물의 심신의 상태에 맞추어 각 에센셜 오일의 특성, 상호작용 및 주의사항을 고려하여 최적의 효과를 낼 수 있도록 혼합하는 것이다.

1. 블렌딩 종류

블렌딩은 크게 치유를 위한 블렌딩과 향을 위한 블렌딩으로 나눌 수 있다.

(1) 치유를 위한 블렌딩

블렌딩은 반려동물이나 보호자의 심리. 신체, 정서, 환경 등의 개선을 고려하여 결정하는데 보호자나 동물의 치유를 위한 대상 증상이 여러 가지 일 경우에는 증상의 우선 순위를 먼저 결정한 후 블렌딩 해야 한다.

(2) 향을 위한 블렌딩

치유를 위한 목적뿐만 아니라 반려동물과 함께 집안에서 생활할 때 기분전환을 위해서 또는 실내의 불쾌한 냄새를 좋은 향기로 전환하기 위해서 블렌딩하기도 한다.

2. 블렌딩 방법

향을 위한 블렌딩을 할 때는 다음과 같이 하면 더 조화로운 향을 블렌딩할 수 있다.

(1) 같은 식물 종의 에센셜 오일을 블렌딩한다.

같은 종에 속하는 식물끼리는 무난하게 잘 어울린다.

(2) 각 노트(note)를 균형있게 조합하여 블렌딩한다.

프랑스 화학자이자 향수 제조사인 셉티무스 피세(G.W. Septimus Piesse)는 향의 분자크기

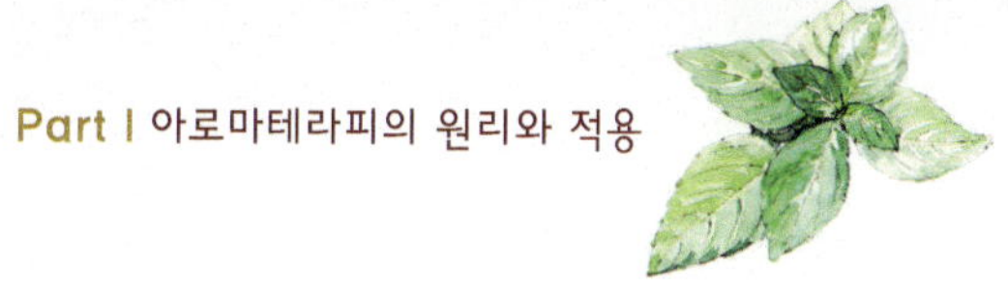

에 따른 휘발속도에 따라 탑, 미들, 베이스의 세 가지 향노트로 구분하였다. 에센셜 오일을 향노트에 따라 균형 있게 조합하면 풍부한 향이 잘 어우러진다.

구분	탑 노트	미들 노트	베이스 노트
휘발 속도	빠르다 ⟷		느리다
향 지속 시간	약 3시간	5시간 ~ 3일	5시간 ~ 일주일
대표 오일	바질, 버가못, 클라리 세이지, 오렌지 스윗, 유칼립투스, 진저, 그레이프프룻, 레몬, 레몬그라스, 티트리, 타임 등	카모마일, 제라늄, 주니퍼베리, 라벤더, 마조람, 로즈마리, 페퍼민트 등	시더우드, 프랑킨센스, 멀, 패출리, 로즈, 베티베르, 일랑일랑 등
특징	블렌딩향의 첫인상을 주는 가볍고 상쾌한 향	신체의 물질대사에 영향을 주고, 탑노트와 베이스노트 오일을 연결하고 조화를 이룸	진정과 이완작용이 강하고 블렌딩한 오일의 향기를 오래 지속시킴

(3) 향 느낌을 기준으로 나눈 향 계열에 따라 블렌딩한다.

서로 잘 어울리는 계열의 에센셜 오일끼리 블렌딩하면 조화롭고 균형 잡힌 향이 된다. 다음의 표에 있는 각 오일 그룹은 양쪽에 위치한 오일그룹과 블렌딩하면 효과적이다. 예를 들어, 감귤향(Citrus)은 꽃향(Floral)과 허브향(Herbal)이 잘 어울린다.

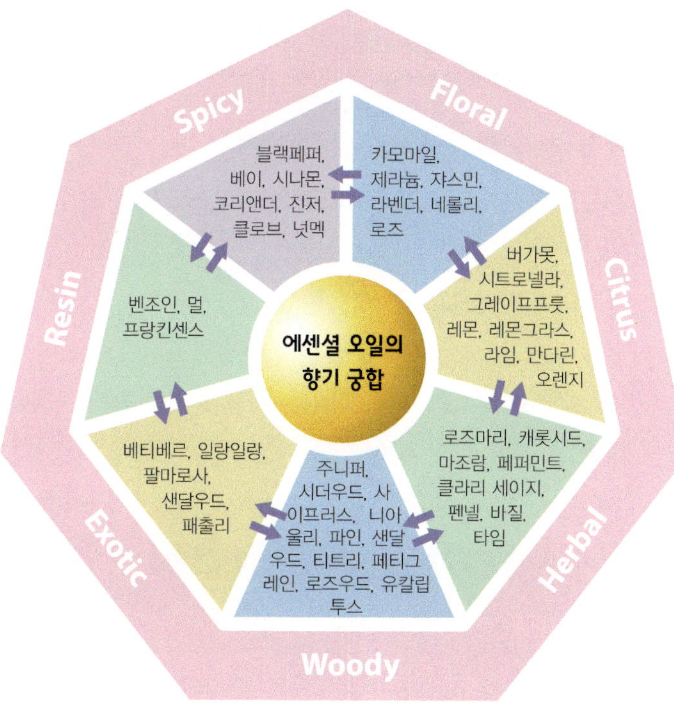

블렌딩 순서

1. 상담 또는 상태 살피기

반려동물은 언어로 소통할 수 없기 때문에 평소 반려동물의 상태에 대한 관심과 관찰이 중요하다. 반려동물의 문제가 심리적인 것인지 신체적인 것인지 그 이유를 종합적으로 파악하는 것이 우선이고, 아로마테라피를 진행하는 동안 반려동물이 숨거나 불안해하거나 불편해 보이는 경우 억지로 다루려고 하면 안전사고가 날 수 있으므로 주의한다. 반려동물의 상태가 많이 안 좋아 보이고 원인을 알 수 없는 증상은 반드시 수의사의 진료를 받도록 한다.

2. 적용 증상과 적용 방법

대상증상에 따라 적용할 에센셜 오일을 선택한다. 심신에 여러 가지 증상이 있을 경우 심리적인 안정을 돕는 것이 최우선이며, 이후 적용할 증상의 우선순위와 적용 방법을 결정한다.

[적용 시 주의사항]

(1) 조용한 공간에서 적용한다.

비바람이 심하게 몰아치는 날, 불꽃놀이, 차량이 많이 오가는 곳 등 주변 소음이 심할 때는 에센셜 오일의 적용을 피하거나, 조용한 공간으로 이동하여 실시한다.

(2) 적용 대상 반려동물만 단독으로 공간에 둔다.

다른 반려동물이나 다른 사람이 주위에 있는 경우에도 다른 공간으로 이동하여 방해받지 않는 상태의 안정된 분위기를 만들고 나서 적용한다.

(3) 가급적 마음의 안정을 찾으면 적용한다.

귀 청소, 미용, 발톱, 발굽 관리, 양치질 등의 관리를 싫어하는 반려동물은 에센셜 오일로 진정을 시킨 후 관리를 시도한다. 반려동물에 아로마테라피를 적용할 때 학대, 사고, 충격 등으로 매우 예민한 상태에서는 아로마마사지를 시도하지 말고 발향법을 적용해 안정을 시키는 것이 우선이다.

3. 에센셜 오일 선택

치료적 효능뿐만 아니라 주의사항, 향 노트 등을 고려하여 에센셜 오일을 선택한다. 이때 사람과 반려동물이 선호하는 향이 서로 다를 수 있다. 예를 들어, 발레리안 루트(쥐오줌풀의 뿌리) 에센셜 오일의 경우 사람들은 기피하지만 반려동물에겐 선호도가 높은 편이다. 따라서 증상에 맞는 에센셜 오일의 조합을 2, 3가지 정도로 선택한 후 반려동물이 직접 향을 맡아 보고 선택할 수 있도록 배려한다. 이때 오일의 향을 직접 맡아 선택하게 하는 것은 개와 대형동물에 한해서만 가능하다는 점에 주의해야 한다.

반려동물이 향을 선택하도록 하게 하는 방법은 에센셜 오일 뚜껑을 열어 코 근처에서 흔들어 향을 맡을 수 있게 한다.

만약 반려동물이 아래와 같은 반응을 보이거나,

- 코를 킁킁거리며 향을 더 맡으려는 행동
- 오일을 핥으려는 행동
- 기분이 좋다는 표현

조금 떨어진 곳에서 오일 뚜껑을 열었을 때 그 향에 흥미를 느끼고 다가와 냄새를 맡으려 하면 그 오일을 사용해도 좋다. 그러나 고개를 돌리거나 코를 멀리하고, 공간에서 벗어나려고 한다면 유사한 효능의 다른 오일을 선택하는 것이 좋다.

4. 캐리어 오일 또는 베이스 제품 선택

에센셜 오일은 고농도이기 때문에 반려동물의 경우 가급적 원액을 사용하지 않도록 하고, 캐리어 오일 또는 무향의 베이스 등에 적정한 농도로 에센셜 오일을 희석하여 사용한다.

5. 블렌딩 원칙

블렌딩은 증상에 가장 효과적인 에센셜 오일을 3가지 이하로 사용하도록 한다. 이는 에센셜 오일의 효과를 극대화 시킬 수 있을 뿐만 아니라 부정적 반응을 파악하기에도 매우 유리하다. 물론 대상의 증상에 따라 한 가지 오일만으로도 효과를 나타낼 수 있다.

반려동물의 안정을 위하여 일반적으로 에센셜 오일은 3가지 이하를 모두 합해서 0.25%로 희석하여 사용한다.

에센셜 오일 20방울은 약 1㎖에 해당한다.

블렌딩 전후 주의사항

1. 블렌딩 도구는 항상 깨끗하게 소독된 것을 사용한다.
2. 블렌딩 후 해당 장소의 환기를 시켜야 한다.
3. 블렌딩된 오일은 3개월 이내에 사용한다.
4. 크림, 로션 등은 냉장 보관을 해야 하며 1개월 이내에 사용한다.

6. 블렌딩 실습

[준비물]

에센셜 오일, 캐리어 오일 또는 베이스 제품, 비커, 유리막대, 스포이드, 차광병, 라벨스티커, 소독용 알콜

[방법]

❶ 블렌딩에 사용할 비커, 유리막대, 차광병을 알콜로 소독한다.

❷ 준비한 비커에 캐리어 오일 또는 크림 용량의 80%를 넣는다.

❸ ❷의 비커에 선택한 에센셜 오일을 블렌딩 비율에 맞추어 베이스, 미들, 탑노트 순으로 넣은 후 남은 캐리어 오일 또는 베이스 제품을 넣고 유리 막대로 잘 섞는다.

❹ 적은 양을 블렌딩할 경우 위의 순서대로 차광병에 넣고 뚜껑을 닫은 후 손바닥에서 천천히 굴리거나 위아래로 가볍게 흔들어 오일이 잘 혼합되도록 한다.

❺ 블렌딩한 오일을 차광병에 넣는다.

❻ 라벨스티커에 블렌딩한 오일의 목적, 대상자 이름, 구성 오일 종류, 적용방법, 블렌딩 날짜, 아로마테라피스트 이름, 주의사항 등을 표시하여 차광병에 붙인다.

에센셜 오일

1 | 바질(Basil)

2 | 버가못(Bergamot)

3 | 시더우드(Cedarwood)

4 | 카모마일 저먼(Chamomile german)

5 | 카모마일 로만(Chamomile roman)

6 | 시트로넬라(Citronella)

7 | 클라리 세이지(Clary sage)

8 | 유칼립투스(Eucalyptus)

9 | 프랑킨센스(Frankincense)

10 | 제라늄(Geranium)

11 | 진저(Ginger)

12 | 그레이프프룻(Grapefruit)

13 | 헬리크리섬(Helichrysum)

14 | 히솝(Hyssop)

15 | 주니퍼 베리(Juniper berry)

16 | 라벤더(Lavender)

17 | 레몬(Lemon)

18 | 레몬그라스(Lemongrass)

19 | 마조람(Marjoram)

20 | 멀(Myrrh)

21 | 넛멕(Nutmeg)

22 | 오렌지 스윗(Orange sweet)

23 | 패출리(Patchouli)

24 | 페퍼민트(Peppermint)

25 | 라벤사라(Ravensare)

26 | 로즈(Rose)

27 | 로즈마리(Rosemary)

28 | 스피어민트(Spearmint)

29 | 티트리(Tea Tree)

30 | 타임(Thyme)

31 | 발레리안 루트(Valerian root)

32 | 베티베르(Vetiver)

33 | 일랑일랑(Ylang ylang)

01 바질(Basil)

바질의 종명인 basilicum은 '왕'이라는 뜻의 그리스어로 뛰어난 향 때문에 '왕의 허브'라고 불리며 동서양에서 음식이나 약재로 사용되었다. 고대 인도에서는 피부, 호흡기, 소화기 질환과 뱀이나 벌레에 물렸을 때 사용하였으며, 중국에서는 혈액순환과 장상태 개선 효과를 이용하여 위장, 신장장애에 사용되었다. 중세 서양에서는 류머티즘성 통증, 피부 자극, 우울증에 처방하였다.

■ 학　명　*Ocimum basilicum*

■ 추출방법　증기 증류 추출법

■ 산　지　열대 아시아, 아프리카, 지중해 연안국, 미국 등

■ 추출 부위　꽃, 잎

■ 향 노 트　top note

■ 화학적 구성　α-terpineol, linalool(알코올계) 40~45%, eugenol, methyl chavicol(페놀계) 23% 등

■ 주의사항
- 메틸차비콜(페놀계)을 함유하고 있어 자극의 원인이 되므로 소량만을 사용해야 하며 아로마테라피에는 프렌치바질(또는 트루 스윗바질, 유러피안 바질)만을 사용한다.
- 통경 작용이 있으므로 임신 중에는 사용을 금지한다.
- 뇌전증, 발작 등이 우려되는 상황에선 사용을 금지한다.

■ 기대 효능　강장 작용, 거담 작용, 건위 작용, 고양 작용, 구풍 작용, 두뇌강장 작용, 살균 작용, 생리촉진 작용, 신경강장 작용, 예방(감염) 작용, 워밍 작용, 항경련 작용, 항우울 작용, 해열 작용

■ 신체적 효과

면역계: 자극 및 살균 작용으로 바이러스 감염증 완화에 도움을 준다.

근육계: 항경련 작용으로 심한 근육 피로를 완화시킨다.

소화계: 위와 장의 근육 이완에 도움을 준다.

생식계: 정체된 순환을 정상화시켜 생리 촉진 등의 도움을 준다.

피 부: 벌레 물린 곳이나 피부 진정 효과가 있다.

■ 심리적 효과

정신을 맑게 하고, 정서적 안정을 찾을 수 있도록 도와 변덕스러움이나 산만함을 감소시키는 데 도움이 되고, 집중력을 향상시켜 준다. 우울증, 긴장감 등에 효과적이고 스트레스를 완화시켜 주며 여행 공포증 감소에 도움을 준다.

반려동물에 적용

- 벌레 물린 곳이나 피부 자극이 있는 부위에 진정 효과가 있다.
- 우울증, 긴장감 완화에 효과적이고, 스트레스 완화에 도움을 준다.

02 버가못(Bergamot)

버가못은 작은 오렌지처럼 생긴 감귤류로, 이탈리아의 베르가모(Bergamo)라는 도시에서 유래된 이름이다. 전통적으로 이탈리아에서는 해열과 해충퇴치에 사용되었으며 공기 중에 박테리아를 살균하는 효과가 있어 병의 전염을 예방하는 데 사용되었고, 감정을 밝게 조절하는 데 도움을 준다.

■ 학 명 *Citrus bergamia*

■ 추출방법 압착법

■ 산 지 아시아 열대지방, 이탈리아 등

■ 추출 부위 열매의 껍질

■ 향 노 트 top note

■ 화학적 구성 linalyl acetate(에스테르계) 30~60%, limonene, pinene(모노터펜계) 33%, linalool(알코올계) 11~22%, bergapten(쿠마린계) 5% 등

■ 주의사항 버갑텐(쿠마린계)을 포함하고 있어 햇빛에 피부가 갈색으로 변하는 광독성을 갖고 있으므로 피부 적용 후 4시간 정도는 직사광선에 주의한다.
피부가 민감하거나 외출을 해야 할 경우 버갑텐을 제거한 FCF 버가못 오일을 사용한다.

■ 기대 효능 건위 작용, 고양 작용, 구충 작용, 균형조절 작용, 면역자극 작용, 방충 작용, 살균 작용, 상처치료 작용, 소화촉진 작용, 신경강장 작용, 완하 작용, 이완 작용, 진정 작용, 진통 작용, 청량 작용, 쿨링 작용, 항바이러스 작용, 항염 작용, 항우울 작용, 해열 작용

■ 신체적 효과

면역계: 면역계를 강화시켜 바이러스의 활성화 억제에 도움을 준다.

소화계: 식욕을 정상화시키고, 소화시의 통증 완화에 도움을 준다.

생식계: 진정, 진통 작용으로 분만 전 도움을 준다.

비뇨계: 항염 작용으로 방광염과 요로 감염증 등의 완화에 도움을 준다.

■ 심리적 효과

스트레스, 우울증 등에 특히 효과적이고, 좌절감, 불안감, 분노 상태에서 마음을 밝아지게 해주고, 생기를 불어 넣어준다.

반려동물에 적용

- 방충효과로 해충 퇴치에 도움을 준다.
- 항우울 효과가 있어 강박적인 행동을 하거나 자해하는 동물에게 도움을 준다.

03 시더우드(Cedarwood)

시더우드는 오래전부터 다양한 문화에서 사용되었다. 신선한 향과 방부 효과가 있어 목재는 사원을 지을 때 사용되었고, 고대 이집트에서는 방부 처리와 화장을 할 때 사용되었다. 예로부터 비단무역을 위해 실크로드로 이동하는 사람들은 비단 사이사이에 시더우드 조각을 넣어 해충으로부터 피해를 예방했다.

- **학 명** *Cedrus atlantica*
- **추출방법** 증기 증류 추출법
- **산 지** 모로코, 알제리 등
- **추출 부위** 목재
- **향 노 트** base note
- **화학적 구성** atlantone (케톤계) 19%, cedrene, caryophyllene, thujospsene(세스퀴터펜계) 50%, atlantol, cedrol(알코올계) 29% 등
- **주의사항** 임신 중에는 사용을 금지한다.
- **기대 효능** 강장 작용, 거담 작용, 살균 작용, 살진균 작용, 살충 작용, 수렴 작용, 순환 자극 작용, 신경강장 작용, 이뇨 작용, 점액용해 작용, 진정 작용, 항지루 작용, 항진균 작용, 항염 작용, 방충 작용
- **신체적 효과** **순환계**: 혈액 순환과 림프 배출을 증가시키고, 이뇨 작용으로 부종과 셀룰라이트를 줄이는 데 도움을 준다

호흡계: 거담 작용으로 기관지염, 감기, 카타르, 숨이 찬 증상 등의 완화에 도움을 준다.

비뇨계: 방광염, 소양증 등의 완화에 도움을 준다.

피 부: 진정, 항염 작용으로 여드름, 습진, 피부염 치료에 도움을 주며, 두피 또는 피부를 강화하여 피지 과잉으로 인한 비듬, 탈모 완화와 모질 개선에 도움을 준다.

■ **심리적 효과** 불안, 공포심, 긴장, 스트레스를 완화하고 정신적 피로 회복에 도움을 준다.

반려동물에 적용

- 항균 작용으로 여러 가지 감염증 완화에 도움을 준다.
- 항염 작용과 순환 자극 효과가 있어 모든 종류의 피부염 완화에 효과적이다.
- 이사 또는 새 집에서의 환경 적응 등 불안, 긴장, 스트레스를 완화하고 마음의 안정에 도움을 준다.
- 컨디셔너나 캐리어 오일에 블렌딩하여 사용하면 피부와 모질 개선에 도움이 되며, 특히 피지 과잉증상을 보이는 지루성 피부염에 효과가 있다.
- 벼룩이 싫어하는 강력한 향이기 때문에 방충효과가 뛰어나다.

04 카모마일 저먼(Chamomile German)

카모마일 저먼은 60cm 높이까지 자라는 국화과 식물로 가운데가 담황색인 흰 꽃이 핀다. 유럽에서 수천 년간 의학적으로 사용되었고, 항염 작용이 매우 뛰어난 에센셜 오일이다. 카모마일 로만과 같이 소화 장애, 피부 자극, 점막 자극 등의 완화를 위해 이용되며 알러지 반응을 진정시키는 데 탁월하다. 카모마일 저먼은 증기 증류 추출법으로 오일을 추출하면 카마줄렌(세스퀴터펜계) 성분이 생성되어 짙푸른 색이 된다.

- **학　명** *Matricaria recutita*
- **추출방법** 증기 증류 추출법
- **산　지** 독일, 동유럽 등
- **추출 부위** 꽃
- **향 노 트** middle note
- **화학적 구성** chamazulene, bisabolene(세스퀴터펜계) 36%, bisabolol, farnesol(알코올계) bisabolol oxide A, bisabolol oxide B(옥사이드계) 35% 등
- **주의사항**
  - 동물에게는 반드시 희석해서 적용해야 한다.
  - 통경 작용이 있으므로 임신초기와 생리 중에는 사용을 주의한다.
  - 국화과 식물에 민감한 피부는 패치 테스트 후 사용한다.
- **기대 효능** 강장 작용, 구충 작용, 구풍 작용, 면역자극 작용, 상처치료 작용, 상처회복 작용, 생리촉진 작용, 신경계 진정 작용, 이완 작용, 진통 작용, 항경련 작용, 항알러지 작용, 항염 작용

■ 신체적 효과

면역계: 면역계를 자극하고, 알러지 완화에 도움을 준다.

근골격계: 뛰어난 항염, 항경련 작용으로 뼈와 관절을 둘러싼 연부 조직의 부종, 관절의 결림과 치통, 근육통, 허리통증 등의 완화에 도움을 준다.

소화계: 대장 기능 정상화와 위경련 완화에 도움을 준다.

피 부: 알러지, 멍, 습진, 건선, 여드름 등의 피부 문제와 상처 회복, 피부 발진, 피부에 나타나는 알러지 반응 완화에 도움을 준다.

■ 심리적 효과

이완 작용으로 분노, 긴장, 근심, 불면증 등을 완화시키는 데 도움을 준다.

반려동물에 적용

- 항염 작용이 매우 뛰어나고, 알러지 반응을 진정시키는 데 도움을 준다.
- 이완 효과로 욕구나 감정을 잘 표현하지 않는 소극적인 동물의 심리적 안정이나 동물의 첫 발정 증상 완화에 도움을 준다.

05 카모마일 로만(Chamomile Roman)

카모마일 로만은 카모마일 저먼과 비슷하게 생겼으나 꽃잎이 더 촘촘하고 넓다. 고대 이집트 시대부터 해열 및 신경 진정에 사용되었다. 카모마일 로만과 카모마일 저먼의 효능은 비슷하지만 로만은 항염 작용이 덜하고 신경계 진정에 더 효과적이다. 울화를 참지 못하거나 예민한 아이들을 진정시키는 데 좋다.

■ 학 명 *Chamaemelum nobilis*

■ 추출방법 증기 증류 추출법

■ 산 지 남부 유럽, 중부 유럽, 지중해 연안국 등

■ 추출 부위 꽃

■ 향 노 트 middle note

■ 화학적 구성 2-methylbutyl, 2-methyl propionate, isobutyl angelate(에스테르계) 80% chamazulene(세스퀴터펜계) 10% 등

■ 주의사항
- 매우 순한 오일로 동물에게 사용하기 안전하지만 반드시 희석해서 적용해야 한다.
- 국화과 식물에 민감한 피부는 패치 테스트 후 사용한다.

■ 기대 효능 강장 작용, 건위 작용, 구충 작용, 구풍 작용, 살균 작용, 상처치료 작용, 생리촉진 작용, 소화촉진 작용, 진정 작용, 진통 작용, 항경련 작용, 항염 작용, 해열 작용

■ 신체적 효과

근골격계: 경련, 저림 증상과 요통, 관절염 등을 완화시키는 데 도움을 준다.

소화계: 소화불량과 배앓이, 신경성 소화 장애로 인한 설사 완화에 도움을 준다.

생식계: 생리불순, 생리전 증후군, 생리통, 산후우울증, 갱년기 장애 등에 도움을 준다.

피　부: 스트레스로 인한 피부 문제, 소양증 완화에 도움을 준다. 피부염, 습진, 건선, 여드름, 진균 감염과 궤양 등의 상처 회복에 효과적이다.

■ 심리적 효과

긴장 완화 작용이 뛰어나 스트레스, 불안감, 우울증, 공포, 신경과민 등에 진정 효과가 있다.

반려동물에 적용

- 해충 퇴치에 도움을 준다.
- 항우울 효과가 있어 강박적인 행동을 하거나 자해하는 동물에 진정 효과가 있고, 공격성을 줄이는 데 도움을 준다.

06 시트로넬라(Citronella)

시트로넬라는 전통적으로 인도, 스리랑카에서 가벼운 상처, 부종, 소화, 설사, 구토, 해열, 말라리아 등에 사용되었다. 항균, 항진균 작용이 뛰어나고, 특히 구충과 벌레를 쫓는 데 효과가 뛰어나 제충용 오일로 폭넓게 활용되고 있으며 향수, 목욕용품 등에도 사용된다.

- **학　명** *Cymbopogon nardus*
- **추출방법** 증기 증류 추출법
- **산　지** 스리랑카, 인도 남부 등
- **추출 부위** 잎
- **향 노 트** top note
- **화학적 구성** geraniol, citronellol(알코올계) 55%, citronellal(알데하이드계) 7%, geranyl acetate(에스테르계), lomonene(모노터펜계) 등
- **주의사항** 접촉성 피부염 사례가 보고된 바 있으므로, 소량씩 희석해서 사용한다.
- **기대 효능** 강장 작용, 건위 작용, 구충 작용, 방충 작용, 살균 작용, 살진균 작용, 살충 작용, 최유 작용, 탈취 작용
- **신체적 효과** **호흡계:** 해열과 감기, 인플루엔자 감염 시 호흡에 도움을 준다.
  근골격계: 관절염, 삔 데, 운동 후 근육피로의 회복에 도움을 준다.
  소화계: 체, 구토, 오심, 영유아 배앓이 등에 도움을 준다.

생식계: 젖의 분비가 잘되도록 도움을 준다.

피　부: 과도한 땀 분비, 지성 피부에 도움을 주고, 제충 효과가 뛰어나 모기나 벌레 퇴치에 도움을 준다.

- **심리적 효과**　지친 신경에 활력을 주고, 원기를 북돋는 데 도움을 준다.

반려동물에 적용

- 항균, 항진균 효과와 제충 효과가 뛰어나 벼룩 등의 해충 퇴치에 도움을 준다.
- 반려동물의 외출, 산책 전이나 여름철 벌레에 물리기 전에 미리 사용하면 효과적이다.

07 클라리 세이지(Clary Sage)

클라리 세이지의 Clary와 Sage는 각각 명료한(clear)이라는 뜻의 라틴어 Clarus와 안정 · 치유 · 구하다(save)라는 뜻의 라틴어 salvo에서 유래되었다. 특히, 눈을 밝게 한다고 하여 전통적으로 씨앗이나 잎을 우려낸 물은 눈의 불편감을 해소하는 데 쓰였다. 클라리 세이지는 호르몬 균형을 위한 최고의 오일로 여성과 남성 모두에게 사용할 수 있으며, 에스트로겐과 유사한 효과가 있어 호르몬 분비를 정상화시키고 계절에 따른 우울감 또는 불편한 열감을 없애 준다. 진정 효과가 뛰어나므로 아주 적은 양을 사용해야 하고, 동물에게 적용 시 반드시 적은 양을 블렌딩해야 하며 과다 흡입시 과다한 쾌감이 생길 수 있으니 주의해야 한다.

- **학 명** *Salvia sclarea*
- **추출방법** 증기 증류 추출법
- **산 지** 남유럽, 지중해 동부, 러시아, 모로코, 미국 등
- **추출 부위** 꽃, 잎
- **향 노 트** top note
- **화학적 구성** linalyl acetate, neryl acetate(에스테르계) 70%, linalool, sclareol, α-terpineol, α-bisabolol(알코올계) 20% 등
- **주의사항**
  - 임신 중 사용을 금지한다.
  - 진정 작용이 강하기 때문에 주의해야 한다. 특히 사람의 경우 운전 전 또는 음주 전에는 사용을 금지한다.
- **기대 효능** 강장 작용, 고양 작용, 살균 작용, 생리촉진 작용, 이완 작용, 자궁강장 작용, 진정 작용, 최음 작용, 항경련 작용, 항염 작용, 항우울 작용, 혈압강하 작용, 호르몬 조절 작용

■ 신체적 효과

면역계: 허약하거나 회복기에 면역계 강화에 도움을 준다.

호흡계: 천식, 목감기 등의 증상 완화에 도움을 준다.

내분비계/생식계: 체액 순환에 도움을 주고, 호르몬의 정상화 및 균형 유지에 도움을 주어 생리와 관련된 증상, 갱년기 증상 등 호르몬 조절과 관련된 모든 상황에서 적용한다.

피 부: 염증과 과도한 땀 분비를 완화하고, 지루성 두피의 피지 생성을 감소시켜 피지 분비를 정상화시켜 모발과 모질의 개선에 도움을 주고, 탈모 증상 완화에 도움을 준다.

■ 심리적 효과

고양 작용으로 우울증을 완화시키고, 행복감을 상승시킨다. 긴장, 불안, 걱정 등을 진정시킨다.

반려동물에 적용

- 호르몬의 정상화와 균형 유지를 돕는 효과로 조류의 알이 지나치게 많거나 적을 때, 암컷 말이 예민할 때, 수컷 말의 행동이 과도할 때 안정을 돕는다.
- 고양 작용으로 우울증, 밀실공포증 등 공포증 완화에 도움을 준다.

08 유칼립투스(Eucalyptus)

유칼립투스는 품종이 300가지가 넘는데 "Blue Gum"이라 불리는 유칼립투스 글로불루스(*Eucalyptus globulus*)가 가장 널리 재배되고 있다. 유칼립투스는 공기 정화 능력이 매우 뛰어나 전통적으로 그 잎과 가지를 훈증하여 얻어진 연기와 열로 전염병을 치료하는 데 사용했다. 호흡기, 천식, 기관지염, 감기 등 호흡기 관련 질환과 기생충 예방, 방충에 효과적이다. 버가못과 블렌딩하면 헤르페스에 효과적이다

■ 학　명　*Eucalyptus*

■ 추출방법　증기 증류 추출법

■ 산　지　호주, 지중해 연안, 중국, 브라질 등

■ 추출 부위　잎, 잔가지

■ 향 노 트　top note

■ 화학적 구성　글로불루스와 스미디는 1,8-cineole(옥사이드계), α-pinene, limonene(터펜계) 등, 라디아타는 α, β-pinene(터펜계), linalol(알코올계) 등, 시트리오도라는 citronellal(알데하이드계) 등, 디비스는 pipertone(케톤계) 등이 주요 구성 성분이다.

■ 주의사항
- 피부 자극의 가능성이 있으므로 낮은 농도로 희석하여 사용한다.
- 고혈압과 뇌전증에 사용을 주의한다.
- 동종요법과 함께 사용하지 않는다.

■ 기대 효능　거담 작용, 고양 작용, 독소배출 작용, 면역자극 작용, 살균 작용, 상처치료 작용, 상처회복 작용, 예방(감염) 작용, 정화 작용, 진통 작용, 쿨링 작용, 탈취 작용, 항경련 작용, 항바이러스 작용, 항박테리아 작용, 해열 작용

■ 신체적 효과

면역계: 면역계를 자극하여 면역 능력을 활성화 시킨다.

호흡계: 살균과 항바이러스 작용으로 감기 증상 완화에 도움을 주고, 거담 효과가 뛰어나 기침을 통해 점액을 제거하는 효과가 있다.

근골격계: 류머티즘을 완화시키며 근육 결림과 통증 완화에 도움을 준다.

피 부: 감염, 상처, 염증 등의 완화에 도움을 준다.

■ 심리적 효과

좌절감과 격한 분노를 진정시키고 머리를 맑게 해주는 효과가 있다.

반려동물에 적용

- 방충 효과가 있어 반려동물의 해충 예방에 도움이 된다.
- 바이러스의 활동을 억제하여 제균 및 공기 정화 효과가 있다.
- 반려동물의 기침, 감기에는 오일버너나 따뜻한 물에 유칼립투스를 1방울 떨어뜨려 발향하면 증상 완화에 도움이 된다.

09 프랑킨센스(Frankincense)

프랑킨센스는 고대 이집트뿐만 아니라 세계의 거의 모든 종교에서 중요하게 쓰였다. 무독성, 무자극성이고, 깊고 편안한 호흡과 명상으로 마음의 중심을 잡거나 집중해야 할 때 사용한다. 면역계를 강화하고, 호흡을 깊게 쉴 수 있게 하여 천식에 도움을 준다. 세포재생을 도와 주름과 흉터에 효과적이며 회춘과 재생의 상징이다.

- **학　명** *Boswellia carteri, Boswellia sacra*
- **추출방법** 증기 증류 추출법
- **산　지** 아프리카, 중국
- **추출 부위** 수지
- **향 노 트** middle-base note
- **화학적 구성** α-pinene, limonene, E-β-ocimene, β-phellandrene(터펜계) 40%, β-caryophyllene(세스퀴터펜계) 등
- **기대 효능** 거담 작용, 면역자극 작용, 산화방지 작용, 살균 작용, 상처회복 작용, 진통 작용, 항염 작용, 항우울 작용, 항카타르 작용, 활력 작용
- **신체적 효과**

  면역계: 면역계를 자극하여 자연 치유력을 높이고 면역력 증강에 도움을 준다.

  호흡계: 천식, 기침, 기관지염 등의 호흡계 증상 완화와 점액 제거에 도움을 주고, 편안한 호흡에 도움을 준다.

  소화계: 과민성 설사 증상 완화에 도움을 준다.

  생식계: 진통 작용으로 생리통과 출산 시의 통증 완화에 도움을 준다.

  비뇨계: 방광염, 생식기 감염 등의 증상 완화에 도움을 준다.

피 부: 주름 등 피부의 노화와 세포 재생, 상처 회복 등에 도움을 주고, 건성 피부와 지성 피부 모두의 균형을 잡는 데 도움을 준다.

■ 심리적 효과 걱정, 불안과 특정한 것들에 대한 두려움을 완화시킨다.

반려동물에 적용

- 막 태어났거나 태어난지 얼마 안 된 동물에게 도움을 주고, 죽어가는 동물이 편안하게 죽음을 맞을 수 있게 하는 등 동물의 출생부터 죽음에까지 도움을 주는 생명력을 상징하는 오일이다.
- 타월에 프랑킨센스를 떨어뜨려 강아지를 감싸면 어미개로부터 전염된 해충의 제거에 도움을 준다.
- 간혹 출생과정에서 발생한 비정상적인 상태를 호전시키는 데 도움을 주기도 한다.
- 안락사를 결정해야 하는 상황과, 죽음을 맞이한 상황에서 동물과 사람 모두의 심리적 안정에 도움을 준다.
- 소음을 비롯한 여러 가지 스트레스, 동물의 상동증(스트레스 받은 동물이 무의미한 행동을 반복하는 것) 완화에 도움을 준다.
- 분노, 우울증에 매우 좋은 효과가 있으며 산후우울증에 유용하고 죽음을 앞둔 동물의 심리 안정에 도움을 준다.

10 제라늄(Geranium)

제라늄은 남아프리카 레위니옹에서 재배되어 추출된 오일이 최상급으로 꼽힌다. 제라늄은 향기가 좋고, 가격대비 효능이 뛰어나 동물과 보호자 모두에게서 선호도가 높은 편이다. 강력한 살균, 항염 작용과 강장 효과로 가벼운 피부병 완화에 도움을 주고, 진균의 과다 증식 완화에 효과적이다.

■ 학 명　*Pelargonium graveolens*

■ 추출방법　증기 증류 추출법

■ 산 지　남아프리카, 지중해 연안의 유럽, 러시아, 이집트, 중국 등

■ 추출 부위　꽃, 잎, 줄기 등

■ 향 노 트　middle note

■ 화학적 구성　citronellol, geraniol, linalool(알코올계) 60%, citronellyl formate, geranyl formate(에스테르계) 15% 등

■ 주의사항
- 과민성 피부는 피부 자극에 주의한다.
- 임신 초기 사용을 주의한다.
- 호르몬 관련 질병 혹은 암환자에게는 사용을 주의하고, 특히 여성호르몬 관련 암일 경우 사용을 금지한다.

■ 기대 효능　강장 작용, 고양 작용, 구충 작용, 균형조절 작용, 살균 작용, 상처치료 작용, 상처회복 작용, 세포재생 작용, 수렴 작용, 이뇨 작용, 자극 작용, 지혈 작용, 진통 작용, 항염 작용, 항우울 작용, 호르몬 조절 작용

■ 신체적 효과

순환계/림프계: 혈액 순환을 돕고, 림프계를 자극한다.

내분비계/생식계: 천식, 기침, 기관지염 등의 호흡계 증상 완화와 점액 제거에 도움을 주고, 편안한 호흡에 도움을 준다.

근육계: 안면 신경통 완화에 도움을 준다.

비뇨계: 이뇨 작용이 있어 독소배출에 도움을 준다.

피 부: 지루성 피부와 건조한 피부 등 모든 피부 타입에 적용 가능하며 피지 분비를 조절하여 피부의 생기에 도움을 준다. 진균 감염증, 헤르페스 등의 완화에 도움을 준다. 이, 모기 퇴치 등의 방충 효과가 있다.

■ 심리적 효과

분노, 불안, 좌절 등으로 인한 스트레스 완화와 새 집으로 이사하는 등 급격한 변화로 인한 스트레스를 완화한다. 우울증 등 저하된 감정의 균형을 잡는 데 도움을 준다.

반려동물에 적용

- 진균 감염을 예방하거나 완화하는 효과로 늘어진 귀를 가진 개들에게 유용하다.
- 야외활동을 하는 동물들에게 천연 방충제로 만들어서 사용할 수 있는 오일 중 하나이다.
- 환경의 변화로 우울, 불안을 느끼는 동물의 스트레스 완화에 도움을 준다.

11 진저(Ginger)

진저는 고대부터 향신료 및 의약용으로 널리 사용되었다. 최고의 소화제로 이용되어 왔으며 중국에서는 감기, 오한, 위장기능 저하 및 식욕부진에 사용했다. 정체된 체액의 순환에 유용하고, 진저롤 성분이 있어 워밍 효과가 뛰어나다.

■ 학 명 *zingiber officinalis*

■ 추출방법 증기 증류 추출법

■ 산 지 동남아시아, 중국, 나이지리아, 자메이카 등

■ 추출 부위 뿌리, 줄기

■ 향 노 트 top note

■ 화학적 구성 zingiberene(세스퀴터펜계) 55%, zingiberol, gingerol(알코올계) 10% 등

■ 주의사항
- 낮은 농도로 희석한 후 사용하여 민감한 피부에 자극을 줄 수 있으므로 주의한다.
- 출혈이 있거나, 출혈 위험이 있는 동물에게 적용 시 주의한다.
- 항암치료나 수술을 앞둔 환자에는 혈액 응고에 지장을 줄 수 있으므로 적용 시 주의해야 한다.

■ 기대 효능 강장 작용, 거담 작용, 건위 작용, 구토억제 작용, 구풍 작용, 발적 작용, 발한 작용, 살균 작용, 소화촉진 작용, 식욕촉진 작용, 완하 작용, 워밍 작용, 자극 작용, 진통 작용, 충혈완화 작용, 항경련 작용, 해열 작용

■ 신체적 효과

순환계: 혈액순환을 자극하여 정맥류, 수족냉증 등 혈관관련 문제를 완화시키는 데 도움을 준다.

호흡계: 목감기, 열감기, 코감기 등 감기 증상 완화와 폐, 부비동에 발생하는 체액 과잉 완화에 도움을 준다.

근골격계: 관절통증, 관절염, 류머티즘 등 관절과 관련된 통증과 삔 데, 근육이 쑤시거나 욱신거리는 통증 완화에 도움을 준다.

소화계: 위를 안정시켜 구토, 멀미 등을 완화시키고 식욕을 자극하고, 설사, 헛배부름 등의 증상 완화에 도움을 준다.

피　부: 멍, 동상 등의 완화에 도움을 준다.

■ 심리적 효과

대표적인 워밍 오일로 안정감을 느끼게 해주고, 우울증에 도움을 주며 특히 무기력하거나 지쳤을 때 자신감을 일깨우고, 감정을 회복시키는 데 도움을 준다.

반려동물에 적용

- 정체된 체액의 순환을 촉진하여 동물의 구토와 차멀미, 감기 증상 완화 효과가 있다.
- 워밍 효과가 뛰어나 노년기 동물의 관절염 증상 완화를 돕는다.
- 지친 감정을 일깨워 우울증 완화를 돕는다.

12 그레이프프룻(Grapefruit)

그레이프프룻은 열대아시아와 서인도 원산의 *C. maxima*와 *C. sinensis*의 비교적 근대의 교배종으로 미국, 브라질, 이스라엘에서 경작된다. 다른 감귤류보다 비타민C의 함량이 높고 지방의 분해에 도움을 준다. 우울감을 완화하고 기분 고양 등 감정의 변화에 도움을 주며 무기력증과 전신피로 완화에 효과적이다. 근육 피로 해소를 위해 적용 시 주니퍼 베리와 블렌딩하면 시너지 효과가 있다.

- **학 명** *Citrus paradisi*
- **추출방법** 압착법
- **산 지** 열대아시아, 서인도제도, 캘리포니아
- **추출 부위** 열매의 껍질
- **향 노 트** top note
- **화학적 구성** limonene, cadinene(모노터펜계) 90%, paradisiol(알코올계) 등
- **주의사항** 감귤류 계열 오일 중에서 감광성이 적은 편으로 비교적 안심하고 사용할 수 있다.
- **기대 효능** 강장 작용, 고양 작용, 구풍 작용, 독소배출 작용, 면역자극 작용, 살균 작용, 상처회복 작용, 소화촉진 작용, 수렴 작용, 이뇨 작용, 이완 작용, 진정 작용, 탈취 작용, 항경련 작용, 항바이러스 작용, 항박테리아 작용, 항우울 작용, 혈압강하 작용
- **신체적 효과** **근육계**: 이완, 진정 작용으로 근육 피로 해소에 도움을 준다.

순환계/림프계: 순한 이뇨 작용과 독소배출 효과가 있다. 비장과 림프계를 자극하여 정체된 체액의 순환을 돕고 부종을 감소시키며, 셀룰라이트 완화에 효과가 있다.

면역계: 면역계를 자극하여 감기를 예방하는 데 도움을 준다.

소화계: 과식 또는 거식 등의 식이 장애를 완화시키고, 소화를 촉진시키며 과민성 대장 증상과 대장염 완화에 도움을 준다.

피　부: 지성 피부, 여드름 피부의 수렴과 정화에 도움을 준다.

■ 심리적 효과　우울하거나 스트레스를 받은 상태를 진정시키는 동시에 고양시키는 효과가 있어 행복감을 가져오고, 혼란스러운 감정의 기복에 균형을 잡아준다. 계절성 우울증에 효과적이며 스트레스를 받은 후 생기는 식이 장애와 소화 장애에 도움을 준다.

반려동물에 적용

- 순환계를 자극하여 체액 순환에 도움을 주고, 해충 퇴치, 벼룩 퇴치를 돕는다.
- 털의 성장을 자극한다.
- 스트레스와 우울증 완화에 도움을 준다.
- 종양이 있는 동물에게도 안전하게 사용할 수 있다.
- 감광성이 적은 편이므로 안심하고 사용할 수 있으나, 외부에서 생활하는 동물에게는 햇볕이 가려지는 배 아래쪽에 적용한다.

13 헬리크리섬(Helichrysum)

헬리크리섬은 전통적으로 동양 의학에서 사용되었다. 60cm정도로 자라는 관목이며 강력한 꽃의 향은 말려도 색과 함께 유지되기 때문에 종이꽃, Everlast(영원히 변치 않는) 등으로 알려져 있다. 멍 또는 피부상처 완화와 간, 심리적 문제 등 심신 전반에 뛰어난 치유 효과가 있다. 통증 제어를 위해 멀과 블렌딩하면 시너지 효과가 있다.

■ 학 명 *Helichrysum italicum*
또는 *H. angustifolium*

■ 추출방법 증기 증류 추출법

■ 산 지 이탈리아, 스페인, 프랑스

■ 추출 부위 꽃

■ 향 노 트 middle note

■ 화학적 구성 neryl acetate(에스테르계) 30~50% 등

■ 기대 효능 간장 작용, 발한 작용, 소화촉진 작용, 담즙배출촉진 작용, 살균 작용, 상처회복 작용, 신경강장 작용, 자극 작용, 점액용해 작용, 항경련 작용, 항바이러스 작용, 항염 작용, 항응고 작용, 항진균 작용, 항카타르 작용, 항혈종 작용

■ 신체적 효과 **면역계:** 알레르기 증상 완화에 도움을 준다.

순환계/림프계: 자극 작용으로 림프액의 순환을 돕고, 간의 독소배출에 도움을 준다.

호흡계: 천식, 기관지염, 만성 기침 완화를 도우며 거담, 점액 용해에 도움을 준다.

근육계: 염좌, 근육통 등의 통증 완화에 도움을 준다.

피　부: 세균 등의 감염증과 종기, 습진, 화상 등의 증상 완화 및 회복에 도움을 준다.

■ **심리적 효과** 분노, 좌절감 완화에 도움을 준다. 특히 마음의 상처 치유에 매우 유용하다.

반려동물에 적용

- 동물의 다양한 상황에 적용 가능한 오일이다.
- 학대 경험, 외상 후 스트레스 장애 등 트라우마가 있는 경우 도움을 준다.
- 트라우마, 폐질환 등에 적용 시 텐팅 또는 케이지에서 디퓨징하면 효과적이다.
- 시더우드, 프랑킨센스와 블렌딩하면 시너지 효과가 있다.

14 히솝(Hyssop)

히솝은 우슬초라고도 불리며, 녹색의 작은 잎들과 작은 꽃들이 탑 모양처럼 모여서 피는 광택이 있는 관목이다. 지중해 인근이 원산지이고 현재는 온대 기후에서 널리 자생하고 있다. 고대 히브리인들이 사원을 정화하는 데 사용했으며 로마인들은 전염병으로부터 보호하기 위해 사용했다. 전통적으로 상기도 호흡기 감염과 발열에 사용되며 소화불량, 복부 팽만감 완화 등에 사용된다. 강력한 항바이러스 및 항균 작용이 있으므로 소량을 사용한다.

- **학 명** *Hyssopus officinalis Var Decumbens*
- **추출방법** 증기 증류 추출법
- **산 지** 프랑스
- **추출 부위** 꽃, 잎
- **향 노 트** middle note
- **화학적 구성** linalool(알코올계) 50%, 1,8-cineole(옥사이드계) 13%, limonene(터펜계) 5% 등
- **주의사항** 1. 다음의 경우 사용을 금지한다.
  ① 뇌전증 환자 ② 열이 나는 경우 ③ 임신 상태 ④ 어린 동물
  2. *Hyssop officinalis*는 케톤의 함량이 더 높으므로 반드시 *Hyssopus officinalis Var Decumbens*를 이용해야 한다.
- **기대 효능** 강장 작용, 거담 작용, 결석용해 작용, 구충 작용, 면역강장 작용, 발한 작용, 상처치료 작용, 상처회복 작용, 소화촉진 작용, 수렴 작용, 이뇨 작용, 충혈완화 작용, 항경련 작용, 항바이러스 작용, 항박테리아 작용, 항류머티즘 작용, 혈압상승 작용
- **신체적 효과** **면역계:** 면역력을 강화하거나 회복시키는 데 도움을 준다.

호흡계: 호흡을 편안하게 도우며 기침, 감기, 인후염 등 호흡기 감염증 완화에 도움을 준다.

근골격계: 류머티즘 완화에 도움을 준다.

소화계: 식욕 회복과 팽만감 해소에 도움을 준다.

피 부: 독, 진드기 마비증(tick paralysis), 뱀에 물렸을 때 효과적이고, 기생충을 쫓아내는 데 효과적이다.

- **심리적 효과** 우울증과 절망감 완화에 도움을 주며 심신의 안정감을 회복시킨다.

반려동물에 적용

- 항바이러스와 항균 작용이 있어 해충 퇴치에 도움을 준다.
- 심신을 일깨우는 효과가 있다.
- 동물에게 심신의 안정을 돕는다.

15 주니퍼 베리(Juniper Berry)

주니퍼는 북반구에서 자생하는 침엽수로 상록수이며 작은 꽃이 피고, 주니퍼의 열매는 녹색이었다가 18개월 정도 이후에 열매가 익으면서 검은빛을 띠는 보라색으로 변한다. 고대 그리스, 로마에서는 소독용으로 사용하였으며, 중세 유럽에서는 주니퍼가 흑사병에 효과가 있다고 믿어 가지를 태워 공기정화에 사용하였다. 북아메리카 원주민들은 주니퍼 베리를 관절염, 근육통에 사용하였다.

■ 학 명 　*Juniperus communis*

■ 추출방법 　증기 증류 추출법

■ 산 지 　이탈리아, 프랑스, 오스트리아, 스페인, 독일, 캐나다

■ 추출 부위 　열매

■ 향 노 트 　middle-base note

■ 화학적 구성 　α-pinene, β-pinene, limonene, myrcene(모노터펜계) 60~80%, terpinen, α-terpineol, geraniol(알코올계) 10% 등

■ 주의사항
- 자궁 근육을 자극하는 효과가 있으므로 임신 중 사용을 금지한다.
- 신장을 자극하여 독소를 배출시키는 데 효과적인 오일이지만, 신장 관련 질환이 있는 경우 주의해야 한다.
- 주니퍼의 열매인 주니퍼 베리에서 추출된 오일만을 사용한다.
- 주니퍼 베리 오일 사용 후에는 신선한 물을 많이 마신다.

■ 기대 효능 　강장 작용, 구풍 작용, 독소배출 작용, 발적 작용, 발한 작용, 살균 작용, 생

리촉진 작용, 워밍 작용, 이뇨 작용, 이완 작용, 자극 작용, 정화 작용, 진정 작용, 진통 작용, 항경련 작용

■ **신체적 효과**

순환계/림프계: 부종과 정체된 체액의 순환을 도와 셀룰라이트 완화에 도움을 준다.

근골격계: 워밍 작용으로 근육을 이완시키고, 관절염, 근육 경련, 류머티즘 등의 통증 감소에 도움을 준다.

비뇨기계: 이뇨 작용과 독소배출 작용이 뛰어나고, 살균 작용이 있어 신장염, 방광염 등의 질환에 효과적이다.

피 부: 독소배출 작용이 뛰어나므로 여드름 증상을 완화하고, 지성 피부의 균형을 맞춰주어 탈모 완화에 도움을 준다. 피부염, 습진, 건선에 도움을 준다.

■ **심리적 효과**

마음을 정화시키고, 스트레스로 인한 긴장을 완화시키는 데 도움을 준다.

반려동물에 적용

- 독소배출에 효과적이어서 염증성 질환 완화를 돕는다.
- 긴장감, 압박감, 불안감 등을 완화시켜 겁먹거나 예민해져 공격성을 보이는 동물의 스트레스 완화에 도움을 준다.

16 라벤더(Lavender)

얇은 줄기에 청보라색 꽃과 뾰족한 잎이 있는 다년생 관목으로 아주 오래 전부터 민간 요법으로 널리 사용되었다. 전세계에서 재배되며 프랑스의 프로방스 지방에서 재배되는 라벤더의 오일을 가장 알아준다. 모든 증상에서 적용하기에 적합한 부드러운 오일로 피부 건강과 피부 문제에 적용할 수 있고, 근육 관련 문제에 효과가 있으며 진정 작용이 있다. 라벤더는 종이 매우 다양하며 각각이 주는 테라피의 효과가 다르다. 따라서 치료의 목적으로 사용할 경우 반드시 가장 안전하고, 치료 효과가 뛰어난 True Lavender를 선택하고, 학명을 확인해야 한다.

- **학 명** *Lavandula angustifolia*
- **추출방법** 증기 증류 추출법
- **산 지** 프랑스, 영국, 지중해 국가
- **추출 부위** 꽃
- **향 노 트** middle note
- **화학적 구성** linalyl acetate, lavandulyl acetate(에스테르계) 45%, linalool geraniol(알코올계) 36%, 세스퀴터펜계 5% 등
- **기대 효능** 강장 작용, 고양 작용, 균형조절 작용, 독소배출 작용, 면역자극 작용, 발한 작용, 살균 작용, 살진균 작용, 상처회복 작용, 생리촉진 작용, 신경강장 작용, 이뇨 작용, 이완 작용, 심신의 진정 작용, 진통 작용, 쿨링 작용, 항경련 작용, 항바이러스 작용, 항염 작용, 항우울 작용, 혈압강하 작용
- **신체적 효과** **순환계**: 혈압을 낮추고 심장 이완 작용을 하여 심계항진을 낮춰준다.

호흡계: 호흡을 이완시키고, 항염 작용으로 부비동염, 기관지염, 후두염, 감기 등의 증상 완화와 치료에 도움을 준다.

근골격계: 근육통, 류머티즘, 삔 데, 성장통으로 인한 통증 완화에 도움을 준다.

소화계: 과민성 대장 장애, 신경성 위장 장애의 증상 완화에 도움을 준다.

생식계: 생리전 증후군, 생리통 등의 통증과 출산 시의 통증 완화에 도움을 준다.

피 부: 모든 피부에 적용 가능하며 피지 균형을 맞춰주고, 상처나 임신선 등에 세포 재생 작용이 뛰어나 상처가 빨리 회복될 수 있도록 돕는다. 여드름, 벌레 물린 데, 화상, 일광화상, 피부염, 건선, 링웜, 곰팡이성 피부염 등에 효과가 있다.

■ **심리적 효과** 진정과 이완효과가 뛰어나 스트레스, 불면증, 분노를 이완시킨다. 과잉행동장애의 안정에도 도움이 된다.

반려동물에 적용

- 동물이 겪는 대부분의 문제에 적용하기 적합한 부드러운 오일이다.
- 피부 문제, 근육관련 문제에 특히 효과가 있으며 진정 작용을 한다.
- 신경질적이거나 겁을 먹은 경우, 정신적 충격을 받은 경우에 진정과 이완에 효과적이다.

17 레몬(Lemon)

광택이 있는 상록수 잎으로 노란색 과일과 작은 흰 꽃이 피는 비교적 작은 감귤류 나무이다. 아시아를 기원으로 하지만 지중해 남부에서 자생하고 전 세계적으로 재배되고 있다. 고양, 정화, 수렴, 불안감 해소 등의 효과가 있다. 특히, 강력한 항박테리아 효과와 소독 효과가 있어 전통적으로 장티푸스를 막는 데 사용되어 왔으며 파리, 모기, 벼룩 등을 퇴치하는 효과가 있어 말라리아를 방지하는 데 사용되었다. 특히 영국 선박들은 법적으로 괴혈병 방지를 위해 비타민C의 함유가 높고 매우 영양가가 높은 레몬과 라임을 반드시 실어야 했다.

■ 학 명　*Citrus limonum*

■ 추출방법　압착법

■ 산 지　아시아, 인도, 지중해 남부, 전 세계적으로 재배

■ 추출 부위　열매의 껍질

■ 향 노 트　top note

■ 화학적 구성　α-pinene, β-pinene, limonene(터펜계) 95%, citronellol(알코올계), citral(알데하이드계) 3% 등

■ 주의사항
- 광독성이 있어 피부 자극을 일으킬 수 있으므로 직사광선이나 자외선에 주의한다.
- 낮은 농도로 희석해서 사용한다.
- 새 또는 파충류에 대한 사용을 매우 주의한다.(새의 경우 깃털에 사용 시 깃털이 빠져서 피부가 드러나는 부작용이 보고된 바 있다.)

■ 기대 효능　강장 작용, 건위 작용, 고양 작용, 구풍 작용, 독소배출 작용, 면역자극 작용,

살균 작용, 살진균 작용, 수렴 작용, 이뇨 작용, 정화 작용, 제산 작용, 지혈 작용, 쿨링 작용, 항바이러스 작용, 해열 작용, 혈압강하 작용

■ 신체적 효과

순환계: 혈액 정화와 순환 작용이 있어 부종과 셀룰라이트 완화에 도움을 준다. 정맥류의 압력과 혈압을 낮춰 코피 등의 외출혈의 완화에 도움을 준다.

면역계: 면역계를 자극하여 면역을 강화시킨다.

호흡계: 살균과 항바이러스 작용으로 감기 등과 전염성 호흡기 질환으로부터 보호하고, 해열 효과가 있다.

근골격계: 뼈의 성장을 돕고, 독소배출 효과로 관절의 붓기 완화에 도움을 주어 류머티즘, 관절염, 통풍 등의 완화에 도움을 준다.

소화계: 위산 수치를 정상화시켜 소화에 도움을 주고, 소화불량의 완화에 도움을 준다.

피 부: 피부 재생 효과와 각질 제거 효과가 뛰어나 혈색을 좋게 해주고, 과다한 피지 생산을 막으므로 지성 피부, 지루성 모발에 클린징 효과를 준다. 강력한 항균 효과가 있어 여드름, 종기, 사마귀 치료 등에 유용하다.

■ 심리적 효과

스트레스와 긴장을 완화시키고, 상쾌하게 해주고, 생각이 명료해지도록 도와준다.

반려동물에 적용

- 벼룩, 진드기 등의 해충을 퇴치하는 데 유용하며 항균 효과가 뛰어나다.
- 질병을 겪고 있는 동물이나 저 체중인 동물에게 유용하다.
- 민감한 동물의 스트레스와 긴장을 완화시키고, 신뢰성 회복에 도움을 준다. 관계의 신뢰를 높이고 변화에서 오는 충격을 완화하는 데 도움이 되므로 주인에 대한 신뢰가 부족한 반려동물 또는 두려움에 대한 감정을 표현하는 동물에게 유용하다.
- 동물에게 나무수액, 의료용 접착 테이프, 껌 등 끈적이는 것들이 붙었을 때, 희석하여 사용하면 유용하다.
- 레몬 오일로 만든 소이왁스 초는 반려동물 냄새 제거와 공기 정화에 효과적이다.

18 레몬그라스(Lemongrass)

길고 날카롭고 광택이 나는 잎을 가진 열대식물로 성장 속도가 빠르고 상쾌한 레몬 향기가 난다. 인도 아유르베다 의학에서는 감염을 치료하거나 열을 낮추는 데 사용되었고, 위경련을 위해서는 차로 마시곤 했으며 전통적으로 관절염과 근육통에 사용되곤 했다. 시트랄알데하이드가 포함되어 강력한 진정 효과, 항바이러스 효과, 항진균 효과가 있으며 체액 저류, 소화, 기생충, 부비동염, 근육 손상 등에 유용하다. 강력한 살균 작용과 레몬과 유사한 향 때문에 청소용품, 비누 등에도 많이 사용되고 있다. 2006년 이스라엘 벤구리온(Ben Gurion)대학 연구진은 레몬그라스가 암세포 사멸에 기여한다는 연구 결과를 발표했다.

- **학 명** *Cymbopogon citratus*
- **추출방법** 증기 증류 추출법
- **산 지** 인도, 중앙아프리카, 열대아시아
- **추출 부위** 줄기와 잎
- **향 노 트** top-middle note
- **화학적 구성** citral, citronellal, geranial, neral(알데하이드계) 60~85%, west indian은 모노터펜계 14%, east indian은 알코올계 16%로 구성
- **주의사항**
  - 다소 자극적일 수 있으므로 충분히 희석하고 매우 신중하게 적용해야 한다.
  - 산화되면 피부 자극이 심해지므로 보관에 주의한다.
  - 노란빛을 띄기 때문에 밝거나 흰색인 동물들에게 적용할 경우 일시적으로 얼룩이 질 수 있다.
  - 시트랄알데하이드를 포함하여 과량 사용 시 두통이 초래된다.

- **기대 효능** 강장 작용, 고양 작용, 구풍 작용, 방충 작용, 살균 작용, 살충 작용, 수렴 작용, 자극 작용, 최유 작용, 탈취 작용, 항우울 작용, 항진균 작용, 해열 작용

- **신체적 효과** **순환계/림프계**: 순환을 자극하여 노폐물의 배출을 촉진시키고, 림프 배수에 도움을 준다.

  호흡계: 살균 작용으로 감염, 감기, 기관지염, 부비동염 등을 완화시킨다.

  근골격계: 근육의 젖산을 배출시켜 근육통을 완화시키고, 신경통, 류머티즘, 염좌, 건염 등의 통증 완화에 도움을 준다.

  소화계: 소화불량, 소화기의 통증, 설사 등의 완화에 도움을 준다.

  피 부: 강한 수렴 작용으로 모공의 수축과 정화에 도움을 주어 여드름, 지성 피부의 클렌징에 효과적이고, 피부 살균과 머릿니 퇴치에 유용하다.

- **심리적 효과** 걱정, 불안, 혼란스러운 마음을 정리하는 데 도움을 주고, 우울한 기분을 상쾌하게 만들어 스트레스 등으로 지친 마음에 활력을 넣어준다. 머리를 맑게 해주고, 집중력을 강화시켜 논리적 판단에 도움을 준다.

반려동물에 적용

- 항진균 작용이 뛰어나고 벼룩, 진드기 등의 해충을 쫓을 때 유용하다.
- 고양 작용이 뛰어나 우울증, 불안감 등의 완화에 도움을 준다.

19 마조람(Marjoram)

타원형의 작은 여러 개의 잎과 작은 흰녹색 꽃이 피는 다년생 식물이다. 오래 전부터 그리스에서는 약, 요리와 향수에 사용되어 왔고, 슬픔과 관련된 죽음에게 영혼의 평화를 주기 위해 무덤 위에 심기도 했다. 사람의 생리전 증후군(PMS) 이나 생리 문제 등에 영향을 주며, 동물에서도 호르몬 유사 효과를 나타낸다. 세균성 피부 감염, 방충, 상처 치료에 유용하고, 진정 효과가 있어 민간 요법에서 성욕 억제제로 사용되었다.

■ 학　　명　*Origanum majorana*

■ 추출방법　증기 증류 추출법

■ 산　　지　스페인, 프랑스, 이집트 등 지중해 지역 국가와 남아프리카 일부

■ 추출 부위　꽃과 잎

■ 향 노 트　middle note

■ 화학적 구성　terpine-4-ol, linalool(알코올계) 50%, terpinene, sabinene(모노터펜계) 40%, caryophyllene, cadinene(세스퀴터펜계) 3%, geranyl acetate, linalyl acetate(에스테르계) 2% 등

■ 주의사항
- 통경 작용을 하므로 임신 중에는 사용을 금지한다.
- 진정 효과가 매우 뛰어나므로 과다 사용 시 감각이 둔해지거나 졸음이 오는 마취 효과를 낸다.

■ 기대 효능　강장 작용, 구풍 작용, 살균 작용, 상처치료 작용, 생리촉진 작용, 소화촉진 작용, 순환자극 작용, 신경강장 작용, 완하 작용, 워밍 작용, 이완 작용, 자극 작용, 제음 작용, 진통 작용, 진정 작용, 항경련 작용, 항바이러스 작용, 혈관 확장 작용, 혈압강하 작용

■ 신체적 효과

순환계: 혈압을 낮춰주고, 심계항진에 도움을 준다. 순환계를 활성화시켜 빈맥에 도움을 주고, 동상 예방에 효과가 있다.

호흡계: 코막힘, 축농증, 천식, 기관지염 등의 증상 완화에 도움을 주고, 감기로 인한 두통에 효과가 있다.

근골격계: 근육 경련 및 경직 완화에 도움을 주고, 염좌, 요통의 통증 완화에 특히 도움을 준다. 진통 작용과 근육 이완 효과가 뛰어나 운동 후에 도움을 준다.

소화계: 위경련, 소화불량, 변비에 도움을 주고, 소화를 촉진시킨다.

생식계: 생리전 증후군, 생리통, 출산 시 산통 완화에 도움을 주고, 과도한 성적 에너지를 진정시키는 데 도움을 준다.

피 부: 혈액의 흐름을 도와 멍, 동상의 회복에 도움을 준다. 감염 치료와 상처 회복에 도움을 준다.

■ 심리적 효과

감정을 진정시키고 편안하게 해주어 정서 불안, 신경 쇠약 회복에 도움을 주고, 스트레스와 관련된 두통, 편두통, 불면증 완화에 도움을 준다. 과잉 행동장애 완화에 유용하고, 동반자, 반려동물과의 이별 등의 상황에 심리적 안정에 도움을 준다.

반려동물에 적용

- 동물의 호르몬 정상화를 도와 발정기 수컷 개의 문제 행동에 도움을 준다.
- 방충 효과가 있어 해충퇴치를 돕는다.
- 진정 작용으로 불안감과 과잉 행동 완화에 효과가 있다.

20 멀(미르, Myrrh)

멀은 미르라고도 불리며, 튼튼한 가시 줄기와 향이 나는 작은 잎과 작은 하얀 꽃이 피는 관목이다. 특히 나무의 줄기에 낸 상처에서 붉은 갈색의 깊고 따뜻한 흙 향기가 나는 견고한 수지(레진)가 생긴다. 동북 아프리카, 서남아시아, 홍해 인근 사막 지역이 원산지이며 이름은 아랍어로 '쓰다'라는 뜻에서 유래됐다. 항염증, 항바이러스 효과로 고대 이집트인들은 치유 연고와 미라 제조에 사용했으며 동방박사가 유향, 황금, 멀을 아기예수에게 바쳤다고 알려져 있고, 히브리인들은 종교 의식을 위해 멀을 섞은 와인을 마셨다. 통증 관리와 상처 치료에 탁월하여 진통제 대체제와 치료제 등에 사용되어 왔으며 구강 질환과 호흡기와 관련된 감염 증상에 유용하게 사용된다.

- **학　명**　*Commiphora myrrha*
- **추출방법**　증기 증류 추출법, 용매추출법
- **산　지**　현무암 토양의 덥고 건조한 지역에서 자라며 아프리카와 아라비아 반도에 걸쳐 널리 자생하고, 인도에서 재배되기도 한다.
- **추출 부위**　수지
- **향 노 트**　base note
- **화학적 구성**　heerabolene, elemene(세스퀴터펜계) 39%, cuminyl alcohol, myrrh alcohols(알코올계) 40%, 알데하이드계, 모노터펜계, 케톤계 등
- **주의사항**
  - 임신 중 사용을 금지한다.
  - 체내 잔류 시간이 길기 때문에 장기간 사용하지 않는다.
  - 높은 농도에서 독성이 있을 수 있으므로 반드시 충분히 희석하여 사용한다.

■ 기대 효능

강장 작용, 거담 작용, 구풍 작용, 살균 작용, 살진균 작용, 상처치료 작용, 상처회복 작용, 생리촉진 작용. 자궁강장 작용, 자극(소화, 폐) 작용, 진정 작용, 쿨링 자용, 항균 작용, 항염 작용, 항카타르 작용

■ 신체적 효과

호흡계: 모든 호흡계 질환에 유용하며 가래, 기침, 기관지염, 만성후두염 등 점막의 질환 치료와 콧물, 가래 등의 점액질 과잉 분비 완화에 도움을 준다.

소화계: 소화불량, 식욕부진, 헛배부름, 설사 등을 완화시키는 데 도움을 준다.

생식계: 자궁과 관련한 염증, 질염, 백대하, 칸디다증 등을 완화와 생리 정상화에 도움을 준다.

피 부: 노화 피부, 갈라지거나 튼 피부, 상처, 습진, 진균성 피부 질환, 치질 관리에 도움을 준다.

■ 심리적 효과

부담감, 중압감으로부터 마음의 안정을 주고, 차분해지도록 도와준다. 무기력하거나 지쳐 있을 때 의욕을 불러일으키고, 특히 죽음으로 인한 비탄, 상실감, 슬픔을 치유하는 효과가 있다.

반려동물에 적용

- 항바이러스, 항박테리아 효과가 뛰어나므로 반려견의 바이러스 감염 예방과 피부에 난 상처, 습진 완화에 도움을 준다.
- 진정 효과가 뛰어나 심리적 안정감을 주고, 이별로 인한 상처, 상실감에서 회복하는 데 도움이 된다.
- 진드기 퇴치에 사용할 수 있다.

21 넛멕(Nutmeg)

넛멕은 육두구라고도 불리며, 회갈색의 줄기와 짙은 잎을 가진 상록수가 맺은 열매의 씨앗이다. 몰루카 제도에서 기원했으며 열매는 붉거나 노란색의 자두 모양으로 겉껍질은 mace라는 향신료로서의 긴 역사를 가지고 있으며 소화 및 비뇨기 질환 치료법과 임신 중 자궁 근육을 강화하는 데 사용되었다. 매우 따뜻한 오일이며 심신을 따뜻하게 하여 감정 노동자들에게 유용하다. 마리스티신을 함유하여 환각을 일으킬 위험이 있다는 논란이 있으나 적절히 희석하여 소량만 사용하면 안전하다.

- **학 명** *Myristica fragrans*
- **추출방법** 증기 증류 추출법
- **산 지** 인도네시아, 스리랑카, 서인도제도
- **추출 부위** 씨앗
- **향 노 트** middle note
- **화학적 구성** α-pinene, β-pinene, lomonene, sabinene(터펜계), terpinen-4-ol(알코올계), 1,8-cineole(옥사이드계) 등
- **주의사항**
  - 장기간 사용에 주의한다.
  - 반드시 낮은 농도로 희석하여 사용한다.
  - 원액을 5㎖ 이상 과량 사용 시 환각, 발작 등을 일으킬 위험이 있으므로 소량만 사용해야 한다.
  - 임신 중 사용을 금지한다.
  - 합성진통제(페티딘-마약성 진통제)와 함께 사용을 금지한다.

■ 기대 효능 구토억제 작용, 구풍 작용, 살균 작용, 생리촉진 작용, 생식자극 작용, 소화촉진 작용, 자궁강장 작용, 정신활성(psycho-active) 작용, 진통 작용, 항경련 작용, 항류머티즘 작용

■ 신체적 효과 **순환계/림프계**: 순환을 자극하여 정체된 체액의 순환에 도움을 주고, 워밍 효과가 탁월하여 국소 부위 마사지에 적용하기 좋다.

근골격계: 근피로의 회복과 류머티즘 완화에 도움을 준다.

소화계: 위장의 가스 배출, 소화불량, 구역질의 완화에 도움을 준다.

생식계: 자궁 근육을 강화하고, 생식기와 관련된 문제를 완화하고 생리를 정상화하는 데 도움을 준다.

비뇨계: 비뇨기계 질환의 완화에 도움을 준다.

■ 심리적 효과 불안감, 예민함을 완화하는 데 효과적이다.

반려동물에 적용

- 개의 위장에 가스가 찰 때 아주 소량 사용하면 위장의 가스를 줄이고, 소화불량, 구역질 완화에 도움을 준다.
- 자극에 과민 반응하는 동물, 분리 불안, 과잉 행동, 애정 결핍으로 인한 우울감과 행동 장애를 보이는 동물에게 도움을 준다. 이 경우 베티베르와 블렌딩하면 시너지 효과를 낼 수 있다.

22 오렌지 스윗(Orange Sweet)

오렌지 스윗의 나무는 비터 오렌지 나무보다 더 부드럽고, 넓은 잎을 가지고 있다. 오일은 오렌지 껍질을 압착해서 만들고 주로 이스라엘, 브라질, 북미에서 생산된다. 전통적으로 중국에서는 행운과 번영의 상징이었으며, 말린 껍질은 기관지 치료제로, 말린 열매는 건위 및 소화 불량 치료제로 사용되어 왔다. 유럽에서는 복통, 우울증 등에 사용되었다. 매우 긍정적이고, 밝은 오일이다.

- **학 명** *Citrus sinensis*
- **추출방법** 압착법
- **산 지** 중국, 미국, 지중해 국가
- **추출 부위** 열매의 껍질
- **향 노 트** top note
- **화학적 구성** limonen, pinene, myrcene(터펜계) 90%, linalool, geraniol(알코올계) 5%, 소량의 버갑텐 등
- **주의사항**
  - 비교적 광독성은 적은 편이지만 피부 적용 시 자외선 노출에 주의한다.
  - 농약의 위험이 있으므로 유기농을 사용한다.
  - 조류의 깃털에 뿌리면 털이 빠질 수 있으므로 주의한다.
- **기대 효능** 건위 작용, 고양 작용, 구풍 작용, 신경진정 작용, 자극(소화, 림프) 작용, 청량 작용, 항경련 작용, 항바이러스 작용, 항우울 작용, 혈압강하 작용
- **신체적 효과** **순환계/림프계:** 혈압을 낮추고, 림프의 흐름을 자극하여 부종을 완화하고, 체액의 순환을 도와 셀룰라이트 완화에 효과가 있다.

면역계: 바이러스 감염을 막아주는 효과가 있어 감기 예방에 도움을 준다.

호흡계: 기관지염, 감기 등의 완화에 도움을 준다.

소화계: 위장의 운동을 활성화시켜 소화를 돕고, 설사, 변비와 같은 소화계 문제를 완화시킨다. 과민성 대장 증후군과 식욕 촉진에 도움을 준다.

피 부: 독소배출과 피부 재생 효과가 있어 여드름, 지성 피부, 건성 피부, 노화 피부에도 도움을 준다.

■ 심리적 효과 밝은 기운을 주어 감정을 긍정적인 상태로 전환시켜 주고, 기운이 부족하거나 지루하다고 느껴질 때 효과적이다. 완벽주의인 사람, 강박적인 사람의 정서 완화에 도움을 준다. 우울증, 신경 긴장, 일시적인 신경과민 완화에 유용하다.

반려동물에 적용

- 동물의 소화 문제와 어린 동물의 배탈 완화에 도움을 준다.
- 우울증 완화와 일시적인 예민함을 풀어주는 데 유용하다.
- 강박적인 행동을 하는 동물의 긴장감을 완화시키는 데 도움을 준다.

23 패출리(Patchouli)

작고 하얀 분홍빛 꽃과 크고 향기로운 잎이 나는 다년생의 꿀풀과 식물이다. 원산지는 아시아의 열대 지역이고, 현재는 카리브해 국가들에서 재배되지만 오일은 중국, 말레이시아, 인도, 인도네시아 등에서 주로 생산된다. 전통적으로 향수, 방충 등에 사용되었고, 일본과 말레이시아에서는 뱀에 물렸을 때 해독제로 사용되었다. 소량 사용 시 신경과 소화계 자극 효과가 있으며 다량 사용 시 이완 및 진정 효과가 있다.

■ 학 명 *Pogostemon cablin*

■ 추출방법 증기 증류 추출법

■ 산 지 아시아

■ 추출 부위 잎

■ 향 노 트 base note

■ 화학적 구성 α-patchoulene, β-patchoulene, cadinene, caryophyllene(세스퀴터펜계) 50%, patchoulol(알코올계) 25~50%, guaiene oxide, caryophyllene oxide(옥사이드계) 6% 등

■ 주의사항 광독성이 있으므로 낮은 농도로 희석하여 사용한다.

■ 기대 효능 강장 작용, 고양 작용, 면역자극 작용, 상처회복 작용, 살진균 작용, 살충 작용, 세포재생 작용, 수렴 작용, 신경강장 작용, 예방 작용, 이뇨 작용, 자극 작용, 진정 작용, 탈취 작용, 항균 작용, 항염 작용, 항우울 작용, 항진균 작용

■ 신체적 효과 **순환계**: 고혈압에 도움을 주고, 이뇨 작용으로 정체된 체액의 순환과 셀룰라이트에 도움을 준다.

면역계: 불균형한 면역의 정상화에 도움을 준다.

근골격계: 근육의 긴장 완화, 허리 통증의 완화에 도움을 준다.

소화계: 대장 운동을 돕고, 설사와 구토 증상을 완화시킨다. 식욕 억제 효과로 체중 조절에 도움을 준다.

피 부: 흉터와 갈라진 피부 등 손상된 피부의 회복을 돕고, 무좀 등 곰팡이성 피부염에 효과적이다. 염증으로 인한 열을 낮춰주고, 여드름, 건선, 두피 문제에도 도움을 준다.

■ 심리적 효과 스트레스와 관련된 무기력함, 걱정, 우울, 분노 등을 완화시키고, 정신적인 혼란을 진정시키고, 신경 긴장을 완화시켜 문제를 객관적으로 판단하고 해결할 수 있게 도와준다.

반려동물에 적용

- 동물에게 널리 사용되며, 곤충, 뱀 등에 물린 경우 회복을 도우며 방충 효과가 있다.
- 순환 자극효과가 있어 고혈압, 구토, 피부 문제 등의 진정에 유용하다.
- 이완, 진정 효과로 긴장감, 불안감, 압박감을 완화해주어 자학, 자해 등을 하는 동물에게 효과적이다.
- 편안한 흙향기가 나는 패출리는 반려동물용 탈취 스프레이와 샴푸를 만들 때 시트러스 계열 오일과 블렌딩하여 만들면 흙 향기와 깊은 향기를 누릴 수 있다.

24 페퍼민트(Peppermint)

짙은 녹색의 줄기와 톱니 모양 잎을 가진 종류와 자줏빛 줄기와 검은 빛의 톱니 모양 잎을 가진 종류가 있다. 고대 이집트에서 사용된 기록이 있고, 로마와 그리스에서는 향수 또는 와인에 사용하였다. 전 세계적으로 생산되며 강장 및 독소배출 작용이 뛰어나고, 두통, 편두통, 치통, 다리 결림 등 전반적인 통증의 완화와 입냄새, 멀미, 구토, 소화불량 완화에 효과적이어서 의약과 산업분야에 광범위하게 사용되고 있다.

■ **학　명** *Mentha piperita*

■ **추출방법** 증기 증류 추출법

■ **산　지** 전 세계에서 재배되며 오일은 미국에서 주로 생산된다.

■ **추출 부위** 꽃, 잎

■ **향 노 트** top note

■ **화학적 구성** menthol(알코올계) 29~48%, menthone, pulegone(케톤계) 20~31%, 1,8-cineole(옥사이드계) 7%, menthyl acetate(에스테르계) 6%, limonene(터펜계) 6% 등

■ **주의사항**

- 피부 자극이 있으므로 반드시 희석해서 사용한다.
- 동종요법과 함께 사용하지 않는다.
- 18개월 미만의 유아 또는 매우 어린 동물, 고양이에게는 사용을 금지한다.

■ **기대 효능** 강장 작용, 거담 작용, 건위 작용, 고양 작용, 구충 작용, 구풍 작용, 두뇌강장 작용, 발한 작용, 살균 작용, 생리촉진 작용, 소화촉진 작용, 수렴 작용, 신경강장 작용, 자극 작용, 진통 작용, 충혈완화 작용, 쿨링 작용, 항경련 작용, 항바이러스 작용, 항소양 작용, 해열 작용, 혈관수축 작용

■ 신체적 효과

순환계: 열이 있을 땐 열을 내리는 쿨링 효과가 있고, 몸이 찰 땐 열을 올리는 워밍 효과가 있는 이중 작용을 한다.

호흡계: 천식, 기관지염, 감기, 코막힘 등의 증상 완화에 도움을 준다.

근골격계: 혈액 순환을 자극하므로 염좌, 관절염 완화에 유용하고, 통증의 감소, 건 파열의 회복에 도움을 준다.

소화계: 소화를 촉진하고 소화불량을 완화 하는 등 소화계 문제에 매우 효과적이다. 과민성 대장 증후군과 대장염의 완화에 도움을 주고, 특히 어린이의 배앓이에 도움을 준다.

생식계: 불규칙한 생리의 정상화, 생리통, 산통의 완화에 도움을 준다.

피 부: 쿨링 효과와 혈관수축 작용으로 지성 피부와 지루성 두피에 효과적이고, 염증, 가려움증 감소에 도움을 준다.

■ 심리적 효과

집중력을 강화시키고, 정신적 피로, 두통, 편두통, 우울증에 매우 효과적이다.

반려동물에 적용

- 망아지나 송아지 등 대형 동물의 새끼들의 호흡계 문제 완화에 유용하다. 그러나 어리거나 작은 동물에게는 사용하지 않는다.
- 개인 공간에 민감한 동물의 긴장과 방어적 공격성을 완화하고 상쾌한 상태를 만드는 데 도움을 준다.
- 페퍼민트는 열을 내리는 쿨링과 열을 올리는 워밍의 이중효과가 있으므로, 말의 절뚝거림을 치유하기 위해 상태에 따라 쿨링 또는 워밍효과를 기대하며 적절하게 사용할 수 있다.
- 혈액 순환을 자극하여 동물의 부상, 염좌, 관절염에 통증을 완화하는 효과가 있다.

25 라벤사라(Ravensara 또는 Ravensare)

라벤사라는 동양에선 장뇌목, 향장목, 장수 등으로 불리고 잎은 부드러우면서 진한 녹색이고 나무껍질은 강한 향이 나는 상록수로, 원산지인 마다가스카르에서는 Ravintsara라고 하며, 'ravina'는 '잎', 'tsara'는 '좋은'이라는 의미로 좋은 향이 나는 잎을 가진 나무라는 뜻이다. 전통적으로 꽃과 씨앗은 향신료와 심신이 아프거나 지친 사람에게 생기를 넣어 주기 위한 치료제로 사용되었으며 동양에서는 향료, 방충제, 강심제를 만드는 원료로 사용되고, 강한 방충 효과가 있어 옛날부터 왕족의 관을 만들 때 많이 사용되었다. 향기는 유칼립투스 라디아타와 유사하지만 조금 더 자극적이다. *Cinnamomum camphora*, *Ravensara anisata*는 각각 1,8-cineole, methyl chavicol의 함량이 높으므로 아로마테라피의 목적으로는 사용을 금지한다.

■ 학 명 *Ravensara aromatica*

■ 추출방법 증기 증류 추출법

■ 산 지 우리나라의 제주도를 포함한 아열대 지역에 속하는 아시아 전역 및 마다가스카르

■ 추출 부위 잎

■ 향 노 트 middle note

■ 화학적 구성 α-pinene, β-pinene, sabinene(터펜계), α-terpineol, terpinen-4-ol(알코올계), 1, 8-cineole(옥사이드계) 등

■ 주의사항 피부 자극이 있을 수 있으므로 반드시 충분히 희석하여 사용한다.

■ 기대 효능 거담 작용, 독소배출 작용, 살균 작용, 신경강장 작용, 항바이러스 작용, 항박테리아 작용, 항염 작용

■ 신체적 효과

면역계: 면역계를 자극하며 특히 호흡계의 면역력 강화에 유용하다.

호흡계: 부비동염, 감기 증상, 호흡기 관련 감염증 등 호흡기 관련 질환 완화에 도움을 준다.

근골격계: 쑤시고 저린 근육 통증 완화에 도움을 준다.

피 부: 항바이러스, 항균 효과가 뛰어나 헤르페스 완화와 바이러스 감염증 완화에 도움을 준다.

■ 심리적 효과

고양 효과가 뛰어나 감정적으로 지치거나 좌절감이 들 때 심신에 활력과 생기를 넣어 주고, 우울증을 예방할 수 있게 해준다.

반려동물에 적용

- 강력한 방충 효과가 있어 반려 동물의 해충 퇴치를 돕는다.
- 뛰어난 고양 효과로 활기를 찾아 주고, 우울증 완화와 예방에 효과적이다.

26 로즈(Rose)

로즈는 매우 향기로우며 키가 큰 종인 *Rosa damascena*는 아시아가 원산지이다. 로즈는 미의 여신 아프로디테에게 바쳤던 아름다운 꽃으로, 꽃의 여왕으로 불린다. 중추신경계 안정, 호르몬 조절, 피부문제 완화 등 심리적, 신체적 불균형을 정상화시키는 데 뛰어난 효과가 있는 오일이다. 로즈 다마스크는 불가리안 로즈로 불리며 강정과 생식계 질환에, 로즈 캐비지는 프렌치 로즈로 불리며 최음과 진정 작용에 더 효과적이다.

■ 학 명 — *Rosa damascena*(로즈 다마스크) / *Rosa centifolia*(로즈 캐비지)

■ 추출방법 — 증기 증류 추출법, 용매추출법

■ 산 지 — 불가리아, 터키, 프랑스

■ 추출 부위 — 꽃잎

■ 향 노 트 — middle note

■ 화학적 구성 — citronellol, geraniol, nerol, phenylethanol(알코올계) 60%, stearoptene, camphene, myrcene, cymene(터펜계) 19~22% 등

■ 주의사항
- 임신 중 사용을 금지한다.
- 용매추출법으로 추출한 앱솔루트는 민감성 피부에 자극이 될 수 있으므로 주의한다.

■ 기대 효능 — 강장 작용, 건위 작용, 살균 작용, 상처회복 작용, 생리촉진 작용, 수렴 작용, 완하 작용, 이뇨 작용, 이완 작용, 자궁강장 작용, 정화 작용, 지혈 작용, 진정 작용, 최음 작용, 항경련 작용, 항바이러스 작용, 항우울 작용, 혈관수축 작용

■ 신체적 효과

순환계: 강장 효과로 혈액 순환에 도움을 준다.

소화계: 위를 강화하고, 균형을 잡아주어 스트레스로 인한 구토, 변비, 소화 불량 등의 증상 완화에 도움을 준다.

생식계: 호르몬의 정상화를 도우며 자궁 및 생리 관련 문제와 생리전 증후군을 완화하는 데 도움을 준다. 정자 생산 증가에 효과적이다.

피 부: 주름살, 습진 등 건성, 노화 피부 문제 완화에 도움을 주고 모든 피부 타입에 사용할 수 있다. 이완, 강장 작용과 혈관 수축 효과가 있어 염증 완화에 도움을 준다.

■ 심리적 효과

항우울 효과로 불면증, 스트레스 완화에 매우 효과적이고, 분노, 신경 불안, 외상 후 스트레스 장애 완화를 돕는다. 심신의 쇠약한 상태에서 회복하고 긍정적인 자신감을 주어 정서적 균형을 잡아준다.

반려동물에 적용

- 우울증과 스트레스 완화 효과가 뛰어나다.
- 긴장, 불안, 예민한 상태가 안정되도록 돕고 자학, 자해 등 문제 행동을 완화에 도움을 준다.

27 로즈마리(Rosemary)

로즈마리는 강한 향을 가진 2m 정도의 높이로 자라는 허브로 원산지는 지중해이다. 죽은 자의 영혼을 쉬게 한다고 믿어 그리스와 로마의 장례식에서 불에 태우기도 했고, 중세 프랑스에서는 로즈마리를 태운 연기로 병원을 소독하기도 했다. 집중력과 두뇌 활동을 향상시키는 효과로 '기억의 로즈마리'로도 불리며, 모발의 성장을 돕고, 자신감과 용기를 회복시켜 주는 효과가 있다.

■ 학　　명　*Rosamarinus officinalis*

■ 추출방법　증기 증류 추출법

■ 산　　지　프랑스, 스페인, 이탈리아

■ 추출 부위　꽃, 잎

■ 향 노 트　middle note

■ 화학적 구성　α-pinene, β-pinene, camphene(모노터펜계) 30%, 1,8-cineole, caryophyllene oxide(옥사이드계) 30%, linalool, borneol(알코올계), camphor(케톤계) 등

■ 주의사항
- 임신 중이거나 뇌전증, 고혈압이 있는 경우 사용을 금지한다.
- 반드시 낮은 농도로 희석한다.

■ 기대 효능　강심 작용, 강장 작용, 고양 작용, 구풍 작용, 두뇌강장 작용, 면역자극 작용, 발적 작용, 발한 작용, 살균 작용, 상처치료 작용, 상처회복 작용, 생리촉진 작용, 수렴 작용, 신경강장 작용, 이뇨 작용, 자극 작용, 진통 작용, 항경련 작용, 항바이러스 작용, 혈압상승 작용

■ 신체적 효과

순환계: 발적 작용이 있어 순환을 도와 손발 냉증에 효과적이다. 심장 강장 효과가 있어 혈압 상승에 도움을 준다. 이뇨 작용으로 체액 정체와 비만, 생리 시의 부종 등에 유용하고, 간의 강장 효과가 매우 뛰어나다.

호흡계: 기관지염, 부비강염, 천식에는 거담 효과가 있는 1,8-cineole 케모타입이 유용하고, 코막힘, 축농증 등 점액질 과다에는 버베논 케모타입이 유용하다.

근골격계: 관절염, 류머티즘 등 관절 문제를 돕고, 운동 후 지친 근육과 부상으로 인한 통증 완화에 도움을 준다.

피 부: 수렴 효과가 뛰어나 정체된 순환을 도와 피부를 맑게 해주고, 모발 성장을 도와 탈모를 완화시키고, 비듬 제거에 도움을 준다.

■ 심리적 효과

정서적 피로와 무력감을 극복할 수 있도록 자신감을 회복하는 데 효과적이다. 두뇌활동을 활성화시켜 기억력을 높여주며, 두통, 편두통 완화에 도움을 준다.

반려동물에 적용

- 동물병원, 유기동물보호소, 반려동물 미용실 등 여러 동물과 함께 있거나, 접촉 가능한 곳에서 정기적으로 발향법을 적용하면 호흡기 감염과 기관지염 등의 확산을 예방한다.
- 지친 마음의 회복에 도움이 된다.
- 긴장한 동물에게 약간의 진정 효과가 있다.
- 곤충 또는 뱀에 물린 경우 회복에 도움을 주고, 방충 효과가 있다. 단, 고양이나 소동물이 함께 있는 경우 사용에 주의한다.

28 스피어민트(Spearmint)

스피어민트는 밝은 녹색 잎에 흰색 또는 옅은 분홍색 꽃이 피는 다년생 허브로 유럽이 원산지이지만 전 세계에서 널리 재배된다. 페퍼민트와 유사하지만 더 부드럽고 순하게 작용하여 노인과 어린이에게 사용 가능한 오일이다. 소화에 도움을 주고, 신진대사를 증가시키며 지속적인 통증을 진정 또는 완화시키는 효과가 있다.

■ 학 명 *Mentha spicata*

■ 추출방법 증기 증류 추출법

■ 산 지 미국, 헝가리, 스페인

■ 추출 부위 꽃, 잎

■ 향 노 트 top note

■ 화학적 구성 dihydrocarvone(케톤계) 4%, d-limonene(모노터펜계) 8%, 1,8-cineole(옥사이드계) 등

■ 주의사항
- 임신 중 사용을 금지한다.
- 점막이나 피부에 자극이 될 수 있으므로 낮은 농도로 사용한다.

■ 기대 효능 강장 작용, 거담 작용, 건위 작용, 구풍 작용, 살균 작용, 상장 작용, 소화촉진 작용, 수렴 작용, 신경강장 작용, 이뇨 작용, 자극 작용, 진통 작용, 충혈완화 작용, 항경련 작용, 해열 작용

■ 신체적 효과 **순환계**: 순환 자극으로 정체된 체액의 순환에 도움을 주고, 부종과 셀룰라이트 완화에 도움을 준다.

호흡계: 호흡기 관련 알레르기를 완화시키고, 과도한 호흡기 점액의 감소에 도움을 준다.

근육계: 근육 경련 완화에 도움을 준다.

소화계: 소화불량, 가스가 찬 경우, 메스꺼움 완화에 도움을 준다.

피　부: 살균 작용과 수렴 효과로 지성 피부와 여드름 피부에 도움을 준다.

■ 심리적 효과　정서적 이완과 쿨링 효과가 있어 스트레스 연관 증상 완화에 도움을 주고, 특히 두통 완화에 효과적이다.

반려동물에 적용

- 진통 작용, 진정 작용, 항경련 작용으로 스트레스로 인한 행동문제나 통증 완화에 도움을 준다.
- 신진대사 증진에 효과적이다.
- 소화계와 호흡계 문제가 있는 어린 동물이나 노년기 동물의 만성통증에 사용할 수 있다.
- carvone은 비교적 안전한 케톤이지만 반드시 소량 사용하도록 한다.

29 티트리(Tea Tree)

티트리는 바늘 같은 잎에 노란색 또는 보라색 꽃이 피는 작은 나무이다. 호주 원주민들은 감기, 해열, 두통 등의 치료를 위해 이 나무의 잎을 차로 우려 마셨고, 제2차 세계대전 당시 호주 군인들의 상처와 피부질환의 항염제로도 사용되었다. 최근 연구 결과 티트리의 강력한 면역 자극 작용과 항박테리아, 항균, 항바이러스 작용이 밝혀졌다.

■ 학 명 *Melaleuca alternifolia*

■ 추출방법 증기 증류 추출법

■ 산 지 호주, 뉴질랜드

■ 추출 부위 잎, 잔가지

■ 향 노 트 top note

■ 화학적 구성 terpine-4-ol, linalool(알코올계) 45%, terpinene, pinene(모노터펜계) 40%, 1,8-cineole(옥사이드계) 7%, 세스퀴터펜계 등

■ 주의사항
- 고양이에게 적용을 제한한다.
- 극도로 민감한 피부를 제외한 대부분의 경우 안전하다.

■ 기대 효능 강장 작용, 거담 작용, 면역자극 작용, 발한 작용, 살균 작용, 살진균 작용, 살충 작용, 상처치료 작용, 상처회복 작용, 쿨링 작용, 항균 작용, 항바이러스 작용, 항박테리아 작용, 항염 작용, 항진균 작용, 해열 작용

■ 신체적 효과 **순환계**: 땀 분비를 촉진하여 열을 낮춰주고, 독소배출에 효과가 있다.

면역계: 면역계를 자극하여 면역을 강화한다.

호흡계: 강력한 살균 및 항카타르 효과가 있어 기침, 천식, 기관지염, 부비강염, 백일해 등의 완화에 도움을 준다.

비뇨계: 요로감염증 등 비뇨계 감염 증상 완화에 도움을 준다.

피 부: 박테리아, 바이러스, 진균 모두에 효과가 있어 여드름, 벌레 물린 데, 비듬, 가려움증, 무좀 완화에 효과적이고, 종기, 염증성 상처 치유에 도움을 준다.

■ **심리적 효과** 활력을 불어 넣어 주고, 자존감과 자신감 회복에 도움을 준다. 질병, 사고 등을 당했을 때, 심리적 안정에 도움을 준다.

반려동물에 적용

- 염증, 종기 등 감염된 상태를 완화하거나 예방할 때 효과적인 오일이다.
- 말의 발에 생긴 아구창 치유에 도움을 준다.
- 심리적으로 안정감을 갖는 데 도움을 준다.

30 타임(Thyme)

타임은 백리향이라고도 불리며 향기로운 작은 잎과 우거진 줄기의 작은 관목이다. 지중해가 원산지이지만 전 세계적으로 재배된다. 강력한 항균 작용이 있어 그리스와 이집트에서 공기 중의 세균을 없애고 방부 효과를 위해 사용되고 고기 요리에도 향신료로 사용된다. 타임의 잎은 호흡기 감염과 소화 장애 완화에 사용되고 있다. 타임 리나롤은 좀 더 부드럽고 피부자극이 적은데, 타임 추자놀(*Thymus vulgaris CT thujanol*)은 면역계를 자극하고, 항바이러스 작용을 하나 자극이 강하다.

- **학 명** *Thymus vulgaris*
- **추출방법** 증기 증류 추출법
- **산 지** 지중해 연안, 남부 이태리
- **추출 부위** 꽃, 잎
- **향 노 트** top note
- **화학적 구성** linalool, geraniol(알코올계) 35%, linalyl acetate, geranyl acetate(에스테르계) 40%, terpinene, cymene(모노터펜계) 10% 등
- **주의사항**
  - 임신 중이거나 고혈압인 경우 사용을 금지한다.
  - 피부 자극의 우려가 있으므로 낮은 농도로 소량만 사용한다.
- **기대 효능** 강장 작용, 거담 작용, 구충 작용, 구풍 작용, 면역자극 작용, 살균 작용, 살충 작용, 상처회복 작용, 생리촉진 작용, 소화촉진 작용, 수렴 작용, 식욕촉진 작용, 신경강장 작용, 워밍 작용, 이뇨 작용, 점액용해 작용, 진통 작용, 항경련 작용, 항균 작용, 항염 작용, 항진균 작용, 혈압상승 작용

■ 신체적 효과

순환계: 순환을 자극하여 체액의 순환에 도움을 주고, 혈압을 높여준다. 이뇨 작용이 있어 부종과 셀룰라이트 완화에 도움을 준다.

면역계: 백혈구 생성을 자극하여 면역계를 강화시킨다.

호흡계: 살균 작용과 거담 효과가 뛰어나 감기, 기침, 편도염, 기관지염, 천식, 백일해 등에 효과가 있으며 과도한 점액 배출 완화에도 도움을 준다.

근골격계: 이뇨 작용과 자극 효과로 요산을 감소시켜 통풍, 류머티즘과 스포츠 부상 완화에 도움을 준다.

소화계: 식욕을 촉진하고, 소화계 자극으로 소화를 촉진시키며 구풍 효과도 있다. 소화기 계통 질병과 설사 완화에 도움을 준다.

비뇨기계: 항염, 항진균 작용이 뛰어나며 방광염에 도움을 준다.

피　부: 강장 효과로 비듬, 탈모에 도움이 되고, 여드름과 종기의 피부 염증 완화에 상처 회복에 도움을 준다.

■ 심리적 효과

두통과 스트레스의 완화, 실망감과 무력감으로부터의 회복에 도움을 주고, 신경계를 자극하여 강화시킨다.

반려동물에 적용

- 여러 세균 감염증 완화에 도움을 준다. 강아지에게서 진드기에 물린 자국이 발견되거나 진드기가 발견되면 즉시 타임 추자놀을 소량 희석 적용하여 라임병 예방에 도움을 준다.
- 방어적 공격성이 보이는 동물을 진정시키기 위해 사용할 수 있다.

31 발레리안 루트(Valerian Root)

발레리안 루트는 깊게 많이 갈라진 잎과 여러 송이의 보랏빛의 분홍색 꽃이 뭉쳐서 피는 1.5m 높이의 다년생 허브로 뿌리는 짧고 두꺼우며 주로 지상 위로 드러난다. 뿌리의 향이 독특하여 서양에서는 더러운 양말 냄새로 묘사되며, 우리나라에서는 이 허브를 넣었던 자루에서조차 쥐오줌 냄새가 난다 하여 쥐오줌 풀이라는 이름으로 불린다. '모두 고치다, 강하게 되다'의 뜻을 가지고 있는 중세어 valer가 어원으로 신경 긴장, 요통, 복통, 심리적 긴장 등 심신에 강력한 진통, 진정 효과가 있어 다양한 치료의 목적으로 사용되어졌다. 퀴퀴한 나무향으로 사람들은 선호도가 극명하게 나뉘지만 동물들은 선호도가 높다. 서양에서 고양이와 쥐들을 유혹할 정도로 그들을 매혹하는 오일로 알려져 있어 쥐들이 많이 다니는 파이프 등에 이용하도록 권장되기도 했다.

■ 학　명　*Valeriana officinalis*

■ 추출방법　증기 증류 추출법

■ 산　지　아시아, 유럽

■ 추출 부위　뿌리

■ 향 노 트　base note

■ 화학적 구성　bornyl acetate(에스테르계) 33.7%, α-fenchene(터펜계) 28.3%, valerianol(알코올계) 18.2% 등

■ 주의사항　민감도가 보고된 바 있으므로 반드시 소량만을 희석하여 사용한다.

■ 기대 효능　진정(진통) 작용, 항경련 작용, 구풍 작용, 이뇨 작용, 혈압강하 작용, 조절 작용, 진정 작용, 건위 작용

■ 신체적 효과 **순환계**: 혈압을 강하하고, 혈압 정상화에 도움을 준다.

내분비계: 호르몬이 균형잡히도록 도움을 준다.

소화계: 뛰어난 진통, 진정 작용으로 소화기계 통증, 소화불량, 과민성 대장 증상 완화에 도움을 준다.

■ 심리적 효과 중추신경계 진정 작용이 뛰어난 오일로 공황 상태, 히스테리, 두려움, 만성적인 공포증 완화에 도움을 주고 불면증, 긴장, 불안감 완화에 효과적이다.

반려동물에 적용

- 발레리안 루트는 동물들이 매우 선호하는 향기이다.
- 쇼크 증상, 불안증, 두려움, 공포증 등의 완화에 효과적인 오일이다. 특히, 분리 불안 등 동물의 감정 문제 완화에 도움을 준다.
- 강력한 진정 작용 효과를 가지고 있강으므로 소량만을 희석하여 사용하도록 한다.

32 베티베르(Vetiver)

베티베르는 향기가 나는 잎이 뭉쳐 있는 키가 큰 열대 벼과 식물로 뿌리는 길게 뻗어 있으며, 오일은 깊고 어두운 갈색이고 불투명하다. 인도, 인도네시아, 스리랑카 등 남부 아시아 지역이 원산지로 평온의 오일로 불린다. 전통적으로 인도인들은 동물의 해충방지와 방충 효과를 위해 집안에 베티베트 향을 피우고, 매트, 부채, 바구니 등을 만들어 사용했다. 아유르베다에서 관절과 습진 치료에 사용한다.

■ 학 명 *Vetiveria zizanoides*

■ 추출방법 증기 증류 추출법

■ 산 지 인도, 인도네시아, 자바, 아이티 등 적도 지역

■ 추출 부위 뿌리

■ 향 노 트 base note

■ 화학적 구성 vetiverol, furfurol(알코올계) 50~75%, α-vetivone(케톤계) 6% 등

■ 기대 효능 강장 작용, 구충 작용, 부드러운 발적 작용, 살균 작용, 신경강장 작용, 이완 작용, 자극 작용, 진정 작용

■ 신체적 효과 **순환계**: 적혈구를 강화하고, 혈류량을 증가시키고, 심계항진과 빈혈 완화에 도움을 준다.

근골격계: 이완 작용과 발적 작용으로 류머티즘, 관절염, 근육통 완화에 효과적이다.

피 부: 신체 결합 조직을 강화하는 작용으로 약하고 늘어지거나 피로한 피부나 상처, 임신선에 효과적이다. 여드름, 지성 피부에 도움을 주고, 상처, 염증, 습진, 노화 피부, 벌레 물린 곳 등에 효과적이다.

■ **심리적 효과** 중추신경계를 진정시켜 긴장, 걱정, 분노 등의 정서 불안 증상과 스트레스와 관련된 불면증과 신경쇠약 등을 완화시키는 효과가 있다.

반려동물에 적용

- 지친 심신에 안정을 주고 평온함을 느끼게 해준다.
- 불안 증상, 심한 공격성을 나타내거나 반복적인 강박증상 증상 완화에 도움을 준다.
- 저체중 동물과 체력이 소진된 동물의 심신의 회복에 도움을 준다.
- 방충 효과가 있어 벌레 퇴치를 돕는다.

33 일랑일랑(Ylang Ylang)

일랑일랑은 광택이 있는 큰 잎과 향기로운 분홍색 또는 노란색의 부드러운 꽃이 피는 키가 큰 열대 나무로 열대 아시아가 원산지이다. 인도네시아에서 최음 효과를 기대하여 신혼부부의 첫날밤에 침대 위에 일랑일랑 꽃을 놓아두는 풍습이 있다. 발열과 질병을 예방하고 항염 효과가 있어 피부질환 완화와 모발의 성장에 도움을 준다. 진정 효과를 주는 오일로 심장 박동을 늦추고 특히 이성을 잃을 때 호흡과 감정의 평온에 도움을 준다.

■ 학 명 *Cananga odorata*

■ 추출방법 증기 증류 추출법

■ 산 지 인도네시아 , 필리핀, 마다가스카르

■ 추출 부위 꽃

■ 향 노 트 base note

■ 화학적 구성 β-caryophyllene, α-farnesene, β-farnesene(세스퀴터펜계) 40%, linalool benzyl alcohol, geraniol(알코올계) 20% 등

■ 주의사항
- 혈압이 낮을 수 있는 쇠약한 동물에게 사용을 피한다.
- 과용 시 두통 또는 구토가 생길 수 있으므로 적정량만 사용한다.

■ 기대 효능 강장 작용, 살균 작용, 이완 작용, 진정 작용, 최음 작용, 항우울 작용, 혈압 강하 작용

■ 신체적 효과 **순환계**: 이완과 진정 효과가 뛰어나 혈압을 강하하고, 심계항진 완화에 도움을 준다.

내분비계: 호르몬 분비를 조절하여 균형을 잡고, 아드레날린의 흐름을 정상화시켜 쇼크상태, 공포, 화, 스트레스를 진정시키는 효과가 있다.

생식계: 여성의 자궁을 강장시키고, 생리전 증후군 완화에 도움을 준다. 남성의 스트레스성 발기부전, 불감증에 유용하다.

소화계: 살균 작용으로 장내 감염 증상에 도움을 잔다.

피　부: 피지 분비의 균형을 잡아주므로 건성 피부와 지성피부, 여드름에 효과적이고, 노화 피부에도 도움을 준다. 두피와 모발 성장에 도움을 준다.

■ 심리적 효과　깊은 진정 효과와 강한 흥분 효과가 있다. 우울감, 불안감 완화에 효과적이고 여성의 자신감 회복에 도움을 준다.

반려동물에 적용

- 분노, 근심, 외상 후 스트레스 장애, 쇼크, 공포 상태 등을 완화시킨다.
- 예민하거나, 안절부절 못하거나, 위축되어 있는 어린 동물의 자신감 향상에 도움을 준다.

09

캐리어 오일

에센셜 오일을 피부에 사용할 때 반드시 희석해서 사용해야 하는데, 이때 사용하는 식물성 오일은 에센셜 오일을 피부 속으로 운반해 준다는 뜻에서 캐리어 오일(carrier oil)이라고 한다. 캐리어 오일은 고정 오일(fixed oil)이라고도 부른다.

1. 캐리어 오일의 특성

1. 에센셜 오일의 휘발속도를 낮춰준다.
2. 체내 흡수를 도와주는 매개체 역할을 한다.
3. 식물의 씨, 과육 등에서 추출한 식물성 오일이다.
4. 유익한 불포화지방산, 비타민, 미네랄 등의 영양 성분들을 다량으로 포함하고 있다.
5. 피부 친화력이 좋아 피부 표면에 잘 흡수되어 피부 보호, 영양과 보습 및 유연성을 준다.

2. 캐리어 오일 선택 기준

1. 식물에서 추출된 식물성 오일이어야 한다.
2. 냉압착유, 즉 과도한 열을 가하지 않아 영양 성분이 보존된 오일이어야 한다.
3. 피부, 모발, 털에 직접 도포해도 안전해야 한다.
4. 끈적임이 적고, 부드러워야 한다.
5. 미네랄 오일 또는 식용유는 사용하지 않는다.

※미네랄 오일: 석유에서 추출한, 고도로 정제된 광물유로 피부의 자가 면역성을 저하시키고, 독소 배출을 방해하는 등의 결과가 보고된 사례가 있으므로 사용에 주의한다.

01 님 씨드 오일(Neem Seed Oil)

학 명	*Azadirachta indica*
과 명	멀구슬나무과
원 산 지	인도, 미얀마, 라오스 등 아시아 열대지역
추 출	열매, 씨앗
추 출 법	압착법
성 분	비타민 E(토코페롤), 필수아미노산, 아자디라크틴 등 함유
특 징	검은 빛이며, 특유의 향이 있다.
사 용 감	가벼운 편이다.
효 과	류머티즘, 관절염, 습진, 백선, 옴, 이, 파리와 벼룩 퇴치제로 유용하고, 가려움, 아토피, 민감성 피부, 건성 피부에 도움이 되며, 여드름 완화에도 효과가 있다. 님 오일의 주성분인 아자디라크틴(azadirachtin)은 곤충의 성장, 생식에 영향을 주는 생물 농약으로 해충의 번식력 약화, 식욕감퇴 등을 유발하여 해충을 쫓는 데 매우 효과적이다.
주 의 점	곤충에게 적용되는 호르몬 계통의 변화가 포유류 동물에는 영향을 미치지 않는 것으로 알려져 있다. 하지만 임신 중에는 사용하지 않는다.

인도에서 님나무는 마을의 약국이라고 불릴 정도로 4,500년 이상 의학적으로 사용되고 있다. 전통적으로 피부 질환, 염증, 열 증상의 치유를 위해 이 나무의 껍질, 씨앗, 잎, 과일, 껌, 기름 등을 사용했고, 기생충 퇴치에도 쓰였다.

02 동백 오일(Camellia Oil)

학 명	*Camellia japonica*
과 명	차나무과
원 산 지	동남아시아, 아열대
추 출	씨
추 출 법	압착법
성 분	오메가 9(올레산), 팔미트산 등 함유
특 징	노란색, 녹색
사 용 감	가볍다.
효 과	피지 성분과 유사한 올레인산 트리글리드를 많이 함유하고 있어 피부에 흡수가 빠르고, 보습효과가 높다. 모발과 피부의 수분을 유지하고 피지의 산화를 억제하고 손상된 피부조직을 재생하고 진정효과가 있어 아토피, 가려움증에 완화 효과가 있고 건조한 피부에 도움을 준다. 피부 자극이 가장 적은 오일 중의 하나이다. 전통적으로 머릿결을 가꾸기 위해 많이 사용했고, 현재 화장품, 샴푸 등의 재료로 다양하게 사용한다.

03 시어 버터(Shea Butter)

학 명	*Butyrospermum parkii*
과 명	사포타과
원 산 지	서부 및 중앙 아프리카
추 출	견과
추 출 법	압착법
성 분	지방산의 85~90%는 스테아르산과 올레산이며, 그 외 팔미트산, 리놀레산, 아라키돈산 등 함유
특 징	회백색의 특유한 향이지만 정제한 것일수록 백색에 가까우며, 무향의 고체 지방산 오일이다.
사 용 감	가볍다.
효 과	항염, 상처 치유효과와 천연 자외선 차단효과가 있다.

04 스윗 아몬드 오일(Sweet Almond Oil)

학 명	*Prunus amygdalis var. Dulcis*
과 명	장미과
원 산 지	중앙아시아, 지중해, 미국, 인도
추 출	견과
추 출 법	압착법
성 분	비타민 A, E 등 함유

특　징　　무취

사용감　　가볍다.

효　과　　모든 피부타입에 적당하고, 보습 효과와 피부 흡수율이 뛰어나다. 가려움증, 습진, 건성피부에 도움이 된다.

비교적 가격이 저렴하고 사용하기 편하다.

주의점　　견과류 알러지가 있는 경우 주의한다.

05 아르간 오일(Argan Oil)

학　명　　*Argania spinosa*

과　명　　사포타과

원산지　　모로코 일부 사막

추　출　　씨앗의 핵

추출법　　압착법

성　분　　비타민 E(토코페롤), 불포화지방산(올레인산 45~50%, 리놀렌산 30~36%), 카로틴, 스테롤 등 함유

특　징　　옅은 노란색

사용감　　가볍고 흡수가 잘되며 유분감이 적은 편이다.

효　과　　전통적으로 화상 치료용으로 사용되었다. 활성산소 억제효과로 피부와 세포 기능 저하를 돕고, 피부탄력을 증가시키고 노화 억제에 도움이 된다. 또한 수분을 수분공급과 건조함을 방지하여 모발과 모질을 보호하고 신진대사 촉진 효과가 있다.

06 올리브 오일(Olive Oil)

학　명	*Olea europaea*
과　명	물푸레나무과
원 산 지	지중해 연안
추　출	과육
추 출 법	압착법
성　분	비타민 A, D, E와 불포화지방산 등 함유
특　징	연한 녹색
사 용 감	무겁고 향이 강하므로 소량을 블렌딩하여 사용한다.
효　과	올리브 오일은 비타민E, 비타민A, 폴리페놀, 불포화 지방산 등을 많이 함유하고 있다. 특히 올레오산탈(oleocanthal)을 함유한 엑스트라 버진 올리브 오일은 진통과 항염 작용을 하는 이부프로펜(ibuprofen)과 유사한 성분으로 피부염증을 완화하고 피부 진정과 진통 효과가 뛰어나다. 혈압 저하를 돕고, 보습효과로 피부와 모발의 건조를 방지하여 모발관리에 도움이 된다. 비교적 산화에 안정적이다.
주 의 점	국소적으로 적용 시 과민성을 일으킬 수 있다.

07 코코넛 오일(Coconut Oil)

학 명	*Cocos nucifera*
과 명	야자나무과
원 산 지	동남아시아, 남아메리카, 아프리카
추 출	과육
추 출 법	압착법
성 분	다량의 포화지방산 등 함유
특 징	실온에서 고체 상태
사 용 감	약간 무겁지만 부드럽고 가볍게 녹는다.
효 과	빠르게 흡수되기 때문에 마사지와 바디 케어에 매우 적합하다.
주 의 점	견과류 알러지가 있는 경우 주의한다.

08 포도씨 오일(Grape Seed Oil)

학 명	*Vitis vinifera*
과 명	포도과
원 산 지	지중해, 아메리카
추 출	씨
추 출 법	압착법
성 분	비타민 E, 리놀레산 등 함유

특 징　　무색, 무취, 저자극성, 중성이므로 베이스 오일로 매우 유용하다.

사 용 감　　가볍고, 유분기가 적어 피부에 매끄럽고 쉽게 흡수된다.

효 과　　피부 보호와 영양을 주어 마사지에 좋고, 모든 피부타입에 적용 가능하다. 비교적 가격이 저렴하다.

09 헴프 씨드 오일(Hemp Seed Oil) - 대마씨

학 명　　*Cannabis sativa*

과 명　　뽕나무과

원 산 지　　아메리카

추 출　　씨

추 출 법　　압착법

성 분　　감마리놀렌산, 단백질 등의 영양가가 높다. 비타민 A, D, E와 오메가 3, 오메가 6 등 함유

특 징　　녹색, 무취

사 용 감　　무겁다.

효 과　　대마초의 씨앗에서 추출되는 오일로 향정신성 효능을 포함하지 않지만, 정서안정에 도움을 준다. 습진, 퇴행성 질환, 관절염 등 증상 완화에 유용하며 위로가 필요한 상태 또는 불안과 관련된 문제 행동에도 도움을 준다.

주 의 점　　GLA 함량이 높아 산화되기 쉬우므로, 시원한 곳에 보관한다.

10 호호바 오일(Jojoba Oil)

학 명 *Simmondsia chinensis*

과 명 호호바과

원 산 지 아메리카, 멕시코 사막지대

추 출 씨

추 출 법 압착법

성 분 사람에게는 피지와 유사한 성분

특 징 식물성 액체 왁스이다.

사 용 감 가볍다.

효 과 사람의 피지와 유사한 성분이며 보습력이 매우 뛰어나다. 염증을 완화하는 효과로 관절염과 류머티즘에 사용할 수 있고, 동물 털에 린스로 활용할 수 있다. 보존성이 좋아 다른 식물성 오일과 함께 사용하기도 한다.

주 의 점 접촉성 피부염이 보고된 바 있으므로, 민감한 피부에는 패치 테스트 후 사용한다.

11 세인트존스 워트 오일(St John's Wort Oil)

학 명 *Hypericum perforatum*

과 명 물레나물과

원 산 지 유럽과 서아시아

추 출 꽃

추출법	침출법
성　분	히페리신(hypericin) 다량 함유
특　징	붉은 색이며 다른 캐리어 오일에 세이트존스워트의 꽃을 인퓨즈한 오일이다.
효　과	히페리신이 다량 함유되어 항바이러스 효과와 진통 효과가 뛰어나고, 항균 및 상처 치료에 도움을 주는 것이 과학적으로 입증되었다. 좌골 신경통 등 염증, 화상, 피부 염증, 상처, 타박상, 관절염, 신경과민, 불안감, 우울증 등에 사용한다.
주의점	광독성이 있어 특히, 밝은 피부를 가진 동물에게 사용할 시 주의가 필요하다.

12 카렌듈라 오일(Calendula) - 메리골드 오일

학　명	*Calendula officinalis*
과　명	국화과
원산지	유럽
추　출	꽃잎, 꽃송이
추출법	침출법
성　분	단백질의 함량이 높고, 비타민 A, D, E가 풍부한 지방산 등 함유
특　징	연한 녹색 또는 노란색이며, 다른 캐리어 오일에 칼렌듈라 꽃을 인퓨즈한 오일이다.
효　과	상처 치유, 타박상과 모세 혈관 문제, 진균 감염 등의 피부 문제 완화에 사용한다.
주의점	*Tagetes patula*의 오일도 메리골드 오일로 알려져 있으므로 반드시 학명을 확인한다.

10

하이드로졸

하이드로졸(hydrosol)은 방향성 약용 식물의 에센셜 오일을 수증기 증류하는 과정에서 추출된 산출물로 그 식물 특유의 수용성, 휘발성 향 성분이 함유되어 있다. 하이드로졸은 수용성 용액으로 플로랄 워터 또는 하이드로레이트라고도 한다. 하이드로졸은 자극이 없고 안전하여 어린이, 노약자, 임산부, 향에 민감한 반려동물에게 사용하기에 좋다.

1. 하이드로졸의 특성

1. 미량의 에센셜 오일 성분과 수용성 산, 에스테르, 알코올, 기타 성분이 함유되어 있다.
2. 맑은 액체 상태이며 대부분 거의 무색이다.
3. 비휘발성이므로 자극이 없고 부드러워 어린이나 노약자, 반려동물에게도 유용하게 사용된다.
4. 대부분 피부와 유사한 약산성으로 자극이 적고, 피부의 pH 균형 조절, 보습, 진정 효과가 있다.
5. 몇 가지 하이드로졸을 블렌딩하거나 에센셜 오일과 블렌딩하면 시너지 효과를 볼 수 있다.
6. 피부에 직접 도포, 냉온습포, 목욕물에 적당량을 더하거나 스프레이 용기에 넣어 직접 분사하여 사용할 수 있다.
7. 차광병에 담아 서늘한 곳 또는 냉장 보관하는 것이 좋다.

2. 하이드로졸의 주의점

에센셜 오일을 증기 증류 추출법으로 추출할 때 함께 추출되는 것만 하이드로졸이다. 증류수에 에센셜 오일을 희석하거나, 허브 우린 물 또는 보존제를 넣어 판매하는 것은 하이드로졸이 아니므로 구입 시 주의한다.

3. 하이드로졸의 종류와 특징

종 류	특 징
카모마일 저먼	– 항염 작용을 하며 가려움증에 효과가 있다. – 자극을 받은 민감한 피부에 사용한다. – 화상, 일광화상, 습진, 건선, 발진에 사용한다.
카모마일 로만	– 허약한 체질, 어린이, 어린 동물의 복통과 화를 가라앉히는 데 효과적이다. – 진정효과가 매우 뛰어나다. – 매우 건조한 피부, 자극 받은 피부, 아토피 피부에 사용한다. – 눈 주위에 달라 붙은 심한 눈곱(gunky eyes)을 세척에 사용한다.
주니퍼 베리	– 강력한 이뇨 작용과 순환 자극으로 해독, 순환 촉진, 부종 완화에 효과가 있다. – 운동 후 쌓인 근육의 피로 회복에 좋다. – 스프레이 병을 이용해서 동물에게 직접이 아닌 주변에 뿌려준다.
라벤더	– 벌레 물린 곳, 피부 진정, 균형 조절에 사용한다. – 지성, 민감성, 염증성, 화상 피부와 일광 화상에 진정 효과를 준다. – 땀띠 치료에 사용한다. – 안전하고 부드럽고 살균 효과가 있어 있는 공간에 방향제로도 사용한다.
페퍼민트	– 피부 세정, 스킨 토너로 사용되며, 여드름에 쿨링 효과가 있다. – 목욕, 구취제거용으로 사용 가능하다. – 방부 효과, 가려움증, 발적, 염증 완화에 사용한다. 주의 어린이와 어린 동물에게 사용하지 않는다.
로즈	– 모든 피부에 수렴, 진정 효과가 있다. – 피로할 때 뿌려주면 긴장 완화 효과가 있다. – 분만통증 완화에 도움이 될 수 있다. 주의 임신 중에는 사용하지 않는다.
로즈마리	– 지성 피부, 복합성 피부의 수렴 효과가 있다. – 활력 증진과 노폐물 배출을 돕는다. 주의 고혈압, 임신 초기에는 사용하지 않는다.
유칼립투스	– 방충 효과가 있다. – 강력한 면역 자극 효과가 있다. – 열을 식히는 데 사용한다. – 동물의 사육장, 이동장 등에 뿌리면 감염을 줄여주고 면역력을 높여준다. 주의 민감한 피부나 상처피부에는 사용하지 않는다.
프랑킨센스	– 공포증과 초조함, 천식 등에 사용한다. – 가글을 하면 입안과 잇몸의 염증에 완화효과가 있다. – 건조한 피부, 피부의 염증에 사용한다.
티트리	– 항진균, 항균, 항바이러스 및 항염 효과가 있다. – 자상, 찰상, 상처 소독에 사용한다. – 거담, 코막힘에 사용한다.

Part II 약용식물의 원리와 적용

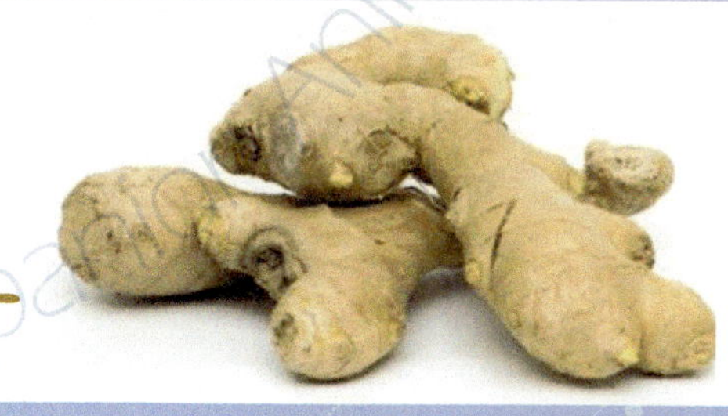

Aromatherapy for Companion Animals

❖ 안전수칙

이 장은 반려동물의 심신의 건강관리에 약용식물을 정확하고 안전하게 적용하기 위한 방법과 임상연구 관련 정보를 상세히 전달하기 위해 노력했다. 약용식물을 안전하게 적용하려면 학명이나 기원식물명을 확인하고 선택해야 하고, 반드시 소량을 단기간에 먹이거나 적용하면서 점차 양을 늘려가야 한다. 부작용이 있을 경우 명현반응이라고 여기지 말고 반드시 사용을 중단하고 바로 전문가에게 문의해야 한다.

01

반려동물을 위한 약용식물

약용식물이란 유효성분을 함유하여 질병의 완화와 예방을 목적으로 사용할 수 있는 식물로 약초라고도 한다. 약초는 식물 중에서 전체 또는 특정부분(뿌리, 뿌리줄기, 껍질, 잎, 열매, 꽃, 씨)에 있는 유효성분을 추출하기 위해 끓이거나, 농축시키거나, 우려내거나, 가루, 알약, 즙으로 만들기도 하고 생약초를 그대로 잘라 사용하기도 한다.

자연에는 사람과 동물이 태어나는 순간부터 그들의 식량이자 질병을 치료하도록 약이 되는 약초가 항상 존재했으며, 몸에 이상이 생기거나 다치면 본능적으로 주위에서 자라는 약초로 치료하려고 했을 것이라는 추정은 놀라운 일이 아니다.

약초와 아로마테라피를 적용하여 건강을 유지하는 질병을 치유하는 자연치유는 인류역사와 함께 시작되었다고 여겨진다.

우리나라는 예로부터 한의학이 발달하여 약용식물을 이용하여 사람의 질병을 예방하거나 치료하여 건강을 유지하는 방법이 발달되었고, 동물들의 질병 치료에도 약초를 이용하였다는 것이 여러 기록으로 남아 있다.

Part II에서는 약초의 특성, 치료적 효능과 반려동물을 중심으로 한 적용법을 소개한다. 수많은 약초 중에 시중에서 손쉽게 구할 수 있는 약초를 중심으로 살펴본다. 아무리 좋은 약초도 구하기 어렵고 적용하기 힘들다면 실제로 활용하기 어렵기 때문이다.

약용식물의 명칭은 이해를 돕기 위해 약재명, 한자명, 동의어, 영어명과 라틴명을 표기하였다. 약초는 자라온 환경에 따라 성질과 효과가 다를 수 있으므로 필요한 약초가 맞는지 반드시 이름을 정확히 확인해야 한다.

순서	약재명	한자명	동의어	영어명
1	감초	甘草	리커리쉬	Licorice
2	계피	桂皮	시나몬	Cinnamon bark
3	금잔초, 금잔국	金盞草, 金盞菊	카렌듈라	Calendula
4	길초근	吉草根	쥐오줌풀, 힐초, 발레리안 루트	Valerian root
5	당귀	當歸	안젤리카	Angelica
6	노회	蘆薈	알로에	Aloe
7	대계	大薊	엉겅퀴, 써시	Cirsii
8	대산	大蒜	마늘, 갈릭	Garlic
9	마편초	馬鞭草	버베너	Verbena
10	매괴화	玫瑰花	해당화, 로사	Rosae flos
11	목숙	苜蓿	알팔파	Alfalfa
12	박하	薄荷	페퍼민트	Peppermint
13	복분자	覆盆子	한국 검은 딸기, 라즈베리	Raspberry
14	산사	山楂	호손	Hawthorn
15	생강, 건강	生薑, 乾薑	진저	Ginger
16	소회향	小茴香	펜넬	Fennel
17	문형	問荊	쇠뜨기, 호스테일	Horsetail
18	담마초	蕁麻草	쐐기풀, 네틀	Nettle
19	아마인	亞麻仁	플랙씨드	Flaxseed
20	양제근	羊蹄根	소리쟁이, 옐로우 덕	Yellow dock
21	옥미수, 옥발	玉米鬚, 玉髮	옥수수 수염, 콘실크	Corn silk
22	유백피	楡白皮	느릅나무, 슬리퍼리 엘름	Slippery elm
23	은행잎, 은행	白果	백과, 징코	Ginkgo
24	차전초	車前草	질경이, 플랜테인	Plantain
25	포공영	蒲公英	민들레, 단델리온	Dandelion
26	황금	黃芩	속 썩은 풀, 스컬 캡	Skull cap
27	황기	黃耆	아스트라갈루스	Astragalus
28	서미초	鼠尾草	세이지	Sage
29	인삼	人蔘	진생	Ginseng
30	관엽연교	貫葉連翹	세인트 존스 워트	Saint- John's-Wort

적용방법과 사용량

대부분의 반려동물에게 사료와 함께 약초를 먹이면 된다. 만일 반려동물이 약초를 강하게 거부한다면, 약초에 적응할 때까지 양을 최소화해서 먹이다가 점차 늘려가면 되는데 해당 약초가 동물 자신에게 좋다고 느끼면 약초 섭취에 점차 적응해 갈 것이다. 그러나 반려동물이 약초를 더욱 심하게 거부한다면 다른 활용법이나 유사한 작용을 하는 다른 약초를 선택하는 것이 바람직하다. 예를 들면, 신장병이 있는 고양이는 사료를 먹기 어려워하는 대신 물은 많이 마시므로, 이 경우 고양이가 마시는 물에 약초를 타서 먹이는 방법으로 치유 효과를 기대할 수 있다.

신선한 약초나 건조한 약초는 따뜻한 물을 부어 차처럼 만들거나, 일정시간 끓여서 식힌다. 식힌 차는 스포이드나 바늘 없는 주사기를 이용해서 입으로 먹일 수 있다. 카모마일 차는 불안한 동물을 진정시키기에 좋고, 페퍼민트 차는 가벼운 배탈이 있는 동물에게 도움이 된다. 알약(환)으로 만든 약초 추출물은 사료와 함께 주거나, 너무 크면 갈아서 준다. 약초 추출물의 양은 소량으로 시작하여 반응을 보면서 점차적으로 양을 늘린다.

말, 양, 소와 같은 초식 동물들은 약초의 활성 성분들을 완전히 소화시킬 능력이 고양이나 개에 비해 훨씬 많기 때문에 더 많이 복용할 수 있다. 개, 고양이 및 작은 동물들은 소화기관이 짧기 때문에 약초를 우려낸 물을 먹이거나, 가루를 발라주는 것이 더 효과적이다.

반려동물에게 약초를 적용할 때 칭찬하기, 쓰다듬으면서 바르기, 간식주기 등을 반복하면 약초 적용이 긍정적인 경험이라는 것을 심어주게 되어 약초에 대한 거부감이 줄어들 것이다.

1. 적용방법

(1) 약초 끓인 물(약초차)

- 끓여서 우려내기: 약초차는 약초를 끓여서 약용성분을 우려낸 후 식혀서 사용한다. 예를 들어, 물 300㎖에 약초를 넣고 용량이 150㎖가 될 정도로 졸인다.

- 우려내기: 약초차를 우려낼 경우에 끓인 물을 약초가 담긴 주전자에 넣고, 충분히 우러나도록 두었다가 사용한다.
- 잎, 꽃같이 가벼운 재료는 1~2g, 뿌리, 열매 같이 무거운 재료는 3~4g을 넣는다.
- 약초차는 먹이거나, 해당 부위를 씻어주는 방법으로 적용한다.

(2) 고

- 고(膏)는 약초를 끓인 후 약초를 건져내고 낮은 불에 저어가며 오래 달이면서 농축시켜 만든다.
- 냉장 보관하면 오래 두고 쓸 수 있다.
- 고는 물에 희석하여 먹인다.

(3) 팅쳐

- 약초를 주정(식용 함수 에틸알코올)에 우려낸 추출물을 팅쳐라고 한다.
- 약초의 유효성분을 추출하는데 열을 가하지 않아 영양소가 덜 파괴되고, 열과 직사광선을 피한 곳에 보관하면 2년 정도 사용이 가능하다.
- 유리병에 약초를 60g(말린 약초는 20g)을 담고 주정, 과실주용 소주 또는 보드카 200㎖를 붓고 마개를 닫아 서늘한 곳에 보관한다. 하루에 한 번씩 유리병을 흔들어 주면서 2주간 보관 후 약초를 걸러낸다.
- 팅쳐는 먹이거나 피부에 적용할 수 있는데, 먹일 때는 뜨거운 물에 타서 알코올을 휘발시키고 식혀서 마시게 하고, 피부에 바를 때는 반려동물 10% 이하, 사람은 30~50%로 희석하여 사용하는 것을 권장한다.

- 작은 반려동물과 고양이에게는 식물성 글리세린에 약초를 넣고 팅쳐를 하고, 하루에 2~3방울 정도의 소량을 물에 타서 마시게 한다. (작은 반려동물과 고양이도 피부에 적용 가능하다면) 피부에 적용할 때는 마찬가지로 10% 이하로 희석하여 사용한다.

(4) 인퓨즈드 오일

- 인퓨즈드는 약용식물을 캐리어 오일에 침출시켜 유용한 지용성 성분을 추출하는 것이다.
- 인퓨즈드 오일을 만들 때 호호바, 올리브유, 포도씨유 등 보존기간이 긴 캐리어 오일을 사용한다. 약용성분과 캐리어 오일의 유효성분에 시너지 효과를 기대할 수 있다.
- 유리병에 약초 100g을 담고 캐리어 오일 400g을 부은 후 햇빛이 잘 드는 곳에 두고 하루에 한 번씩 유리병을 흔들어준다. 2~4주간 보관 후 오일을 걸러주면 된다. 진하게 만들려면, 약초를 걸러낸 후 새 약초를 넣어 같은 방법으로 다시 2~4주 후 걸러준다.
- 인퓨즈드 오일은 피부에 직접 바른다.

(5) 가루

- 약용식물을 씻어 말린 후에 가루로 만든다.
- 마늘은 말리거나 구운 것을 가루를 내어 캡슐에 담는다.
- 옥미수는 살짝 태운 후 가루로 만든다.
- 바르는 경우: 알코올에 섞어 피부에 바른다.
- 먹이는 경우: 캡슐에 담거나, 사료, 물, 요구르트에 혼합하여 먹이거나, 다른 음식이나 간식에 섞어서 먹인다.

(6) 알약

- 준비한 가루에 꿀, 쌀가루로 만든 풀을 섞어 빚어서 알약을 만든다.
- 가루를 먹이기 힘든 경우, 알약으로 만들어 먹인다.

(7) 찜질

- 찜질은 해당 약용식물을 열에 굽거나 볶아서 사용한다.
- 면포(주머니)에 담아서 따뜻한 상태로 사용한다.

(8) 생약초

- 깨끗한 생약초를 잘게 잘라 사용한다.
- 먹일 때: 잘게 자른 생약초를 사료에 섞어서 먹인다.

(9) 즙

- 신선한 생약초를 즙을 내어 사용한다
- 바르는 경우: 즙을 해당부위에 붙이거나, 올리브 오일에 섞어 해당부위에 발라준다.
- 먹이는 경우: 즙을 내어 그냥 먹이거나, 사료에 섞여 먹인다.

2. 사용량

약초를 적용하는 가장 안전한 방법은 적은 양을 사용하다가 반려동물의 상태와 반응에 따라 양을 늘리거나 줄이는 것이다. 적은 양의 약초를 사용하여 반려동물의 심신의 증상에 대한 가벼운 변화를 관찰하면서 3일간 양을 조절하는 것이 중요하다. 소량의 약초도 면역체계를 활성화시키거나, 해당 증상을 완화시키는 데 도움이 될 수 있다.

건조시킨 약초는 물 1컵에 약초 1티스푼을 넣어 15분 동안 우린 후 사용하며 팅처는 물 1티스푼에 세 방울을 희석하여 사용한다. 향이 강하거나 맛이 진한 약초의 사용량은 전문가와 상의하여 복용시켜야 한다.

개의 일반적인 약초 복용량

몸무게	건조시킨 약초	캡슐	팅쳐
14kg미만	하루 3회 1/2 티스푼	1/2캡슐	하루 3회 1/2 티스푼
14~28kg	하루 3회 1 티스푼	1캡슐	하루 3회 1티스푼
28kg이상	하루 3회 1 테이블스푼	2캡슐	하루 3회 2티스푼

고양이의 일반적인 약초 복용량

몸무게	생약초	약초차	캡슐/알약	팅쳐
0.45~2.6kg	1 테이블스푼	하루 1회 1/8컵	하루 1~2회 캡슐 1/8~1/4	하루 1~3회 1~3 방울
2.6~4.5kg	1 테이블스푼	하루 1~2회 1/8~1/4컵	하루 1~2회 캡슐 1/4~1/2	하루 1~3회 1~3 방울
4.5~9kg	1/2 티스푼	하루 1~2회 1/4컵	하루 1~3회 캡슐 1/2~1개	하루 1~3회 1~3 방울
9kg이상	1/2~1 티스푼	하루 1~2회 1/4~1/3컵	하루 2~4회 캡슐 1/2~1개	하루 1~3회 1~3 방울

• 고양이에게 사람용 제품 사용하기

시중에 판매되는 제품(약초, 약초차, 캡슐, 팅쳐)를 활용할 경우 라벨의 안내사항을 자세히 읽고 고양이의 크기를 고려한 후 적용하도록 한다. 평균 성인 몸무게는 68kg를 기준으로 고양이에게 적용 양을 계산하면 아래와 같다.

▪ 약초 끓인 물(약초차)

신선한 약초, 건조 약초 또는 티백을 끓여 우려내서 냉장고에 며칠 보관한다. 그리고 하루에 2~3회 사료에 4분의 1컵 만큼의 양을 섞어 먹이도록 한다.

▪ 팅쳐

안내서에 성인 기준 하루 3~4회, 15~30방울을 기준으로 하루 총사용량으로 45~120방울 권장할 경우, 고양이 몸무게가 4.5kg이면 성인 몸무게 68kg의 15분의 1이 되므로, 고양이의 무게에 맞춰 하루에 3~8방울을 사용하여야 한다. 즉, 1회 용량은 1~3방울로 하루 3회 적용한다. 고양이에게 먹일 경우 뜨거운 물에 타서 알코올을 휘발시키고 식힌 후에 먹인다.

01 감초(甘草) 리커리쉬(Licorice)

학명/기원식물 Glycyrrhizae Radix et Rhizoma,
감초(*Glycyrrhiza uralensis* Fischer),
광과감초(*Glycyrrhiza glabra* Linne)
또는 창과감초(*Glycyrrhiza inflata* Batal.)

과 명 콩과(Leguminosae)

사용부위 뿌리 및 뿌리줄기를 껍질 채로 또는 껍질을 벗겨서 사용

산 지 러시아, 이란, 아프가니스탄, 파키스탄, 중국, 몽골, 한국

치료적 효능 소화기계의 균형을 잡아주는 약초로 비장과 위 등을 조화롭게 하고 거담, 혈액정화, 진정, 해독, 점막보호, 항염, 면역자극 등의 효능이 있다. 다른 약초와 함께 사용하면 다른 약초의 독성을 완화하고 서로 조화롭게 한다.

적 응 증 **불에 살짝 구워서 사용**: 소화기관이 허약할 때, 힘들고 지쳐서 음식을 적게 먹을 때, 대변이 무를 때, 관절염, 마른기침 등의 증상 완화에 사용한다.

날 것으로 사용: 목이 부을 때, 소화기 궤양, 몸에 종기가 생겨 붓는 증상, 음식으로 인한 중독 증상에 사용한다.

반려동물에 적용 식욕이 없거나 음식을 평소보다 적게 먹을 때, 배탈, 설사, 종기로 붓고 아플 때 사용할 수 있다. 개(암컷), 고양이(암컷)의 중성화 수술 후 피부알레르기, 탈모 등 호르몬 관련 증상 완화에도 도움이 된다.

활 용 법 **약초차**: 소화기계 증상에는 물에 끓인 후 그 물을 먹인다. 부종, 피부염증에는 그 물로 해당부위를 씻어준다.

가루(외용): 염증 등 증상 완화에 가루를 만들어 발라준다.

생약초: 말, 소 등과 같이 큰 동물에게는 감초를 잘게 잘라 사료에 섞어 먹인다. 개, 고양이 및 작은 동물들은 소화기관이 짧기 때문에 우려낸 물을 먹이거나, 가루를 발라주는 것이 효과적이다.

주 의 점 심한 부종, 고혈압, 저칼륨증, 임신, 심장질환이 있는 반려동물에는 사용하지 않는다.

02 계피(桂皮) 시나몬(Cinnamon Bark)

학명/기원식물 *Cinnamomum cassia* Blume
육계(肉桂) 또는 기타 동속 근연식물(일본 등 다른 나라에서는 *Cinnamomum zeylanicum*을 기원식물로 사용하기도 한다.)

과　　명 녹나무과(Lauraceae)

사용부위 거친 겉 껍질을 다소 제거한 줄기껍질 또는 가지

산　　지 베트남, 태국, 중국, 대만, 스리랑카

치료적 효능 순환계의 균형을 잡아주는 약초로 혈액순환, 워밍, 진통, 항염, 강장 등의 효능이 있다.

적 응 증 전신의 순환을 향상시키고, 통증을 완화시킨다.
배가 차고 가슴이 답답할 때, 설사에 피가 섞여 나올 때, 식욕저하, 구토, 설사, 배가 차고 당기는 통증, 관절통증, 삐어서 붓고 아픈 증상 완화에 효과적이다.

반려동물에 적용 구토, 설사, 궤양으로 배변에 피가 나올 때, 배가 차갑고 가스가 찼을 때, 삐어서 부었을 때 사용한다.

활 용 법 **약초차:** 계피를 물에 넣고 끓인 후 그 물을 먹인다. 외용으로는 끓여서 식힌 후 그 물에 씻어준다.

가　루: 계피를 가루로 만들어 알코올과 섞어 해당 부위에 발라 준다.

주 의 점 몸에 열이 있을 때는 사용하지 않고, 과용하지 않도록 한다.
반려동물에게는 계피의 껍질(bark)을 소량만 사용하고, 계피 잎(leaf)은 사용하지 않는다.

03 금잔초(金盞草) 금잔국(金盞菊) 카렌둘라(Calendula)

학명/기원식물 금잔초: 소금잔화(*Calendula arvensis* Linne)
금잔국: 금잔국(*Calendula officinalis* Linne)

과 명 국화과

사용부위 금잔초는 풀 전체 또는 꽃, 금잔국은 풀 전체를 사용

산 지 서남아시아, 서유럽, 마크로네시아, 지중해 연안

치료적 효능 항염작용이 뛰어난 약초로 항박테리아, 림프순환, 상처치유, 수렴, 항균, 항진균, 항종양, 생리촉진, 독소배출, 이뇨 등의 효능이 있다.

적 응 증 금잔초는 지혈효과가 있어 배변할 때 피가 나오는 증상 완화에 도움이 된다. 금잔국은 열을 내리고 독소와 노폐물을 배출하여 중이염 완화와 생리 정상화에 도움이 된다.

> **반려동물에 적용** 새, 고양이, 말, 개의 입 속 점막과 소화관의 칸디다증, 귀의 감염증 완화에 사용한다. 개나 고양이의 할퀴고 베인 상처에 바르면 도움이 된다. 특히 금잔화는 항균효과로 소, 개, 고양이, 양서류의 진균감염인 색소효모균증의 국소적 치료와 말의 콧구멍, 입, 입술의 진균감염인 엔토모프토라증의 증상 완화에 사용한다.

활 용 법 약초차: 물에 넣고 끓인 후 그 물을 먹인다.
즙: 중이염에는 신선한 금잔초, 금잔화의 즙을 짜서 1~2방울 귀에 떨어뜨린다.
오 일: 상처나 갈라진 피부에 인퓨즈드 오일은 그대로 바르고, 에센셜 오일은 캐리어 오일에 희석해서(100㎖에 5방울 정도) 바른다.

주 의 점 금잔초는 안전한 허브이나, 약간의 생리자극효과가 있어 임신초기에는 사용하지 않는다. 국화과 식물에 알레르기 반응이 있는 동물의 경우 사용에 주의하여야 한다.

04 길초근(吉草根, 쥐오줌풀) 힐초, 발레리안 루트(Valerian root)

학명/기원식물 Valerianae Radix
쥐오줌풀 ***Valeriana fauriei*** **Briquet** 또는 기타 동속 근연식물, 패장과 힐초(纈草)속 식물, 힐초(*Valeriana officinalis* L, *V. pseudofficinalis* C. Y. Cheng), 흑수힐초(*V. amurensis* Smir. ex Kom.), 관엽힐초(*V. fauriei* Briq, *V. officinalis* Linne var. *latifolia* Miq.)

과 명 마타리과(Valerianaceae)

사용부위 뿌리 또는 뿌리줄기

산 지 중국 동북아, 서남부, 아시아, 유럽의 서부지역

치료적 효능 길초의 뿌리가 마르면 지린내가 난다 해서 쥐오줌풀이라 불리고, 길초의 뿌리에 약효가 있어 길초근이라고 한다. 길초근은 진정작용이 뛰어난 약초로 심신을 편안하게 하고 몸의 찬바람과 습기를 없애며, 혈액순환, 항경련, 진경, 장내 가스 배출 등의 효능이 있다.

적 응 증 불안, 우울, 신경쇠약, 가슴이 두근거리고 잠을 못 이룰 때, 신경성 위염, 관절염, 타박상, 찰과상, 배앓이 완화에 효과가 있다.

반려동물에 적용 반려동물이 쇼에 나가거나 여행갈 때, 천둥칠 때, 동물병원 갈 때 등 긴장과 불안한 상태를 진정시키는 효과가 있다. 긴 여행으로 인한 불안과 메스꺼움 완화에는 생강을 함께 사용하면 더 효과적이다. 특히, 고양이의 흥분 및 공격적인 상태를 완화시키고 안정시키는 효과가 있다.

활 용 법 약초차: 물에 넣고 끓인 후 그 물을 먹인다.

팅 쳐: 주정 또는 술에 우려낸 것을 물에 타서 마시게 한다. 긴장과 불안 완화에는 적은 양을 여러 차례 나눠 먹인다. 쇼에 나가거나 여행가기 3일 전부터 긴장과 불안 완화를 위해 개는 하루에 5방울씩 3~4회 먹이고, 고양이는 하루에 1방울씩 2~3회 먹인다.

생약초: 말은 잘게 썰어 말린 길초근 14g 또는 추출액 2테이블스푼을 먹이는데, 상태를 보고 조금 더 먹일 수 있다. 길초근은 말의 일상생활 중 말을 잠에 취하게 하거나, 동작을 둔화시키지 않으면서 걱정과 긴장을 낮추는 데 도움이 된다.

가 루: 가루를 내어 피부에 붙여 사용한다.

주 의 점

길초근은 안전한 허브지만, 많은 양을 사용할 때 소화 장애를 일으킬 수 있다.
임신한 동물에게는 사용하지 않는다.
개에게 적용할 때에는 적은 양으로 강한 진정효과를 내는 경우도 있으므로, 반응을 보고 점차 양을 늘려서 사용한다.

05 당귀(當歸) 안젤리카(Angelica)

학명/기원식물 Angelicae Gigantis Radix
참당귀 *Angelica gigas* Nakai와 *Angelica acutiloba* Kitagawa 또는 *Angelica acutiloba* Kitagawa var. sugiyamae Hikino
(유럽에서는 *Angelica archangelica*를 기원식물로 사용하기도 한다)

과 명 산형과(Umbelliferae)

사용부위 뿌리

산 지 한국, 일본

치료적 효능 혈액순환을 조화롭게 하는 약초로, 생리촉진, 진통, 보습, 경련완화 등의 효능이 있다.

적 응 증 생리 정상화와 혈변, 종기, 붓고 아플 때, 삔 데, 타박상 완화에 도움이 된다.

반려동물에 적용 피가 부족하여 생기는 증상을 치료하기 위해 당귀를 단독으로 사용하는 것보다 다른 약재를 배합하여 사용하면 더 효과적이다.
- 산후 질병 예방에 당귀, 천궁, 우슬, 익모초
- 동상치료에는 당귀, 자초
- 산후 근육 경련에는 당귀, 도인, 생근초

등을 배합하여 사용한다.

활 용 법
약초차: 물에 넣고 끓인 후 그 물을 먹인다.
팅 쳐: 주정에 우려낸 것을 물에 희석하여 먹인다.
고: 물에 오래 끓여 농축시킨 고(膏)로 만들어 물에 희석하여 먹인다.
가 루: 알약이나 가루로 먹인다.

주 의 점 소화기계가 약하거나, 설사를 하는 경우 사용하지 않는 것이 좋다.

06 노회(蘆薈) 알로에(Aloe)

학명/기원식물 *Aloe barbadensis* Linne, *Aloe ferox* Miller, *Aloe africana* Miller 또는 *Aloe spicata* Baker의 잡종

과　명 백합과(Lillaceae)

사용부위 알로에 잎에서 얻은 액즙을 건조한 것

산　지 아프리카 남부, 남미, 서인도제도, 한국

치료적 효능 상처치유기능이 뛰어난 약초로 배변기능 개선, 살충, 피부진정, 항균, 항산화, 면역자극, 항암, 항종양, 피부 쿨링 등의 효능이 있다.

적 응 증 위궤양, 변비, 기생충으로 인한 배앓이, 옴, 부스럼증상 완화에 도움이 된다. 작은 화상, 피부가려움증, 상처에는 직접 발라도 된다.

반려동물에 적용 면역자극, 상처회복, 뾰루지증상과 벼룩에 물려 가려운 증상 완화에 사용한다. 알로에의 면역다당체라고 불리는 에이스만난(acemannan)성분은 동물들의 면역을 자극하고, 설치류와 개의 악성종양 완화에 효과적인 것으로 알려져 있다. 특히 고양이에게 강한 면역자극 효과가 있다는 연구결과가 보고된 바 있다.

활 용 법 가　루: 알약이나 가루 또는 캡슐에 넣어 먹인다. 외용으로 사용할 경우 가루를 내어 발라 준다.

주 의 점 지속적인 효과를 위해 반려동물이 알로에 바른 자리를 핥지 않도록 주의한다. 알로에는 고양이에게도 효과적인 허브지만, 껍질 바로 밑에 있는 안트라퀴논 성분 때문에 구토, 설사 등의 부작용이 생길 수 있으므로, 껍질에서 2mm 이상을 잘라내고 안쪽 것만 사용하거나, 안전성이 입증된 알로에겔을 사용한다.

07 대계(大薊), 엉겅퀴, 써시(Cirsii)

학명/기원식물 Cirsii Herba
엉겅퀴(*Cirsium japonicum* DC. *var. ussuriense* (Regel) Kitamura*)* 또는 기타 동속 근연식물

과 명 국화과(Compositae)

사용부위 풀 전체

산 지 세계 각지

치료적 효능 지혈에 뛰어난 효과가 있는 약초로 항염, 이뇨 등의 효능이 있다.

적 응 증 열로 인한 출혈 관련 증상 완화 또는 정상화에 효과
피를 토하거나, 기침에 피가 섞여 나올 때, 배변 시 피가 섞여 나올 때, 코피, 하혈 등의 출혈 완화에 효과가 있다.
임파선염, 종기, 습진 완화에도 효과가 있다.

반려동물에 적용 피를 토하거나, 배변 시 피가 섞여 나올 때, 종기, 습진의 완화에 효과적이다.

활 용 법 약초차: 물에 넣고 끓인 후 그 물을 먹인다.
생약초: 엉겅퀴를 찧어서 붙인다.
지혈에 사용할 경우 엉겅퀴를 태워 그 가루를 출혈부위에 붙인다.

주 의 점 몸이 찬 경우, 드물게 복통이나 설사가 생길 수 있으니 주의한다. 일반적으로 엉겅퀴는 Thistle이지만 Milk Thistle과 혼동하지 않도록 주의한다.

08 대산(大蒜), 마늘, 갈릭(Garlic)

학명/기원식물 Allii Bulbus
마늘 *Allium sativum* Linne

과 명 백합과(Liliaceae)

사용부위 비늘줄기

산 지 중앙아시아, 지중해, 아시아

치료적 효능 몸을 따뜻하게 하는 효과가 뛰어난 약초로 항균, 면역자극, 항암, 영양 제공, 항산화, 거담, 혈압강하, 항종양, 항바이러스, 항진균, 강장, 해독, 살충 등의 효능이 있다.

적 응 증 윗배가 차고 아플 때 따뜻하게 하는 효과로, 체한 기운을 가라앉히고 이질, 설사, 감기, 목이나 몸이 붓는 증상을 완화시키며, 기생충 제거에 이용한다.

반려동물에 적용 염증을 완화하고, 진드기 퇴치, 구충, 항균 등의 효과가 있다.

활 용 법 가 루: 날 것이나 구운 것을 가루로 내어 캡슐에 담거나, 동물 체중 1kg 당 1.3mg~2.5mg 정도 사료에 섞여 먹인다.

생약초: 즙을 내어 올리브 오일에 섞어 상처 부위에 발라준다.(마늘 즙은 자극성이 강하므로 직접 몸에 발라주어서는 안 된다.)

주 의 점 마늘은 자극성이 있어, 사람이나 동물의 피부에 직접 접촉하게 되면 피부세포의 색이 검게 변할 수 있고, 심하면 세포가 상할 수도 있다.

마늘을 과량 복용 시 하인즈 소체성 빈혈(Heinz Body anemia)을 유발할 수 있는데, 이는 위장장애(구토, 설사, 식욕부진)를 일으키거나, 우울감, 심하면 호흡곤란, 무기력, 심장박동 증가 등이 나타날 수 있다.

반려동물에게는 마늘 즙 원액을 단독으로 먹이거나 바르지 않도록 주의한다. 고양이는 개보다 마늘의 자극성에 민감하므로, 음식에 섞어 마늘을 주었을 때 고양이가 원하지 않거나 행동에 변화가 있으면 억지로 먹이지 말아야 한다.

09 마편초(馬鞭草) 버베나(Verbena)

학명/기원식물 *Verbena officinalis* Linne

과 명 마편초과(Verbenaceae)

사용부위 지상부

산 지 유럽, 중국

치료적 효능 지혈에 효과가 뛰어난 약초로 진정, 항경련, 간 기능 강화, 해독, 해열, 순환, 생리촉진, 이뇨 등의 효능이 있다.

적 응 증 열 감기, 목감기, 잇몸이 붓고 아플 때, 이질, 학질, 부종, 소변이 잘 안 나올 때, 생리불순, 생리통, 삐거나 타박상에 완화 효과가 있다.

반려동물에 적용 간염, 신장염에 의한 경련 완화에 사용한다. 소의 소변, 대변에서 피가 나는 증상에 마편초(생것)와 한련초를 배합하여 사용하면 치료에 효과적이다.

활 용 법 약초차: 물에 끓인 후 그 물을 먹이거나, 그 물로 상처를 닦아 준다.

알 약: 가루나 알약으로 먹인다.

생약초: 마편초를 찧어서 상처에 붙인다.

주 의 점 임신 중에는 사용에 유의하고, 과량 섭취 시 구토와 설사를 유발할 수 있으니 주의한다.

10 매괴화(玫瑰花) 해당화, 로사 루고사(Rosae Flos. Rosa)

학명/기원식물 해당화 *Rosa rugosa* Thunberg

과 명 장미과(Rosaceae)

사용부위 꽃봉오리

산 지 동아시아(한국, 중국, 일본), 시베리아 남부

치료적 효능 소화기계를 정상화시키고 기운을 잘 흐르게 하여 막힌 것을 풀어주는 약초로 순환자극, 영양 제공, 수렴, 생리촉진 등의 효능이 있다.

적 응 증 윗배가 부르고 옆구리가 아플 때, 이질, 설사, 대하, 종기, 삐거나 타박상 완화에 효과적이고, 불규칙한 생리로 인해 막힌 혈액의 흐름을 원활히 하며 순환이 안 될 때 자극 효과로 심신의 정상화를 돕는다.

반려동물에 적용 설사, 타박상, 생리의 순환이 잘 안 될 때 사용한다.

활 용 법 약초차: 물에 넣고 끓이거나, 우려내서 먹인다.

매괴화의 향기는 매우 진하고 맑으나 탁하지 않고, 조화로우나 강렬하지 않아 소화기계를 부드럽게 정상화시킨다.

주 의 점 자극적이지 않고 부드러워 사용하기에 안전한 약초이다.

11 목숙(苜蓿) 알팔파(Alfalfa)

학명/기원식물 남목숙 *Medicago hispida* Gaertner

자목숙 *Medicago sativa* Linne

과 명 콩과

사용부위 전체

산 지 아프리카, 유럽, 아시아

치료적 효능 항염 효과가 좋은 약초로 영양 제공, 항산화, 이뇨, 해열, 항균, 독소배출 등의 효능이 있다.

적 응 증 황달, 설사, 이질, 부종, 소변을 잘 못 보는 증상을 완화하고 열을 낮춰준다. 식욕 정상화와 관절염, 알레르기 증상 완화에도 도움이 된다.

반려동물에 적용 식욕부진, 쇠약한 동물의 체중 증가, 산성 소변에 의한 비뇨기계 질환 완화에 적용한다.

활 용 법 약초차: 물에 넣고 진하게 우러나도록 끓인 후 그 물을 먹인다.

즙: 신선한 목숙을 찧어서 즙을 먹인다.

가 루: 가루로 만들어 캡슐에 넣어 먹인다.

생약초: 개는 신선한 목숙 잘게 찧은 것을 2티스푼 정도, 고양이는 1/2티스푼 정도 음식에 섞여 먹이면 소화에 도움이 된다.

주 의 점 안전한 허브지만, 신선한 목숙을 과량 섭취한 말이 산통(colic)을 일으킨 경우가 간혹 보고되고 있다. 목숙에 함유된 사포닌 성분은 유용한 성분이나, 과량 섭취 시 구토를 유발할 수 있다. 간혹 꽃가루에 알레르기반응을 일으키는 반려동물에게는 사용하지 않는다. 루푸스(systemic lupus erythematosus, SLE, 전신홍반루프스)에는 사용하지 않는다.

12 박하(薄荷) 페퍼민트(Peppermint)

학명/기원식물	박하 *Mentha arvensis* Linne var. *piperascens* Malinvaud ex Holmes (서양에서는 *mentha piperita*를 기원식물로 사용하기도 한다.)
과 명	꿀풀과(Labmiaceae)
사용부위	지상부
산 지	세계 각지
치료적 효능	소화기계의 균형을 잡아주는 약초로 구토 완화, 장내 가스 배출, 살균, 발한, 진통, 수렴, 담즙 생산 촉진, 해열 등의 효능이 있다.
적 응 증	염증, 통증, 열 감기, 목감기, 구토, 멀미, 발진으로 인한 가려움 증상 완화, 장내 가스 배출을 촉진하고, 머리와 눈을 맑게 하고, 열을 낮춰주고, 눈이 충혈될 때 사용한다. **반려동물에 적용** 가스로 인한 복부팽만, 구역, 구토, 감기, 열 증상 완화에 적용한다. 강아지의 식욕저하 증상에 도움이 된다.
활 용 법	**약초차:** 물로 끓이되 장시간 끓이지 않는다. 약초차를 먹이거나, 끓인 물로 해당부위를 씻어준다. **가 루:** 가루 또는 알약으로 복용한다. **즙:** 찧어서 즙을 내어 바르거나 붙인다.
주 의 점	동종요법과 함께 사용하지 않는다.

13 복분자(覆盆子), 한국 검은 딸기, 라즈베리(Raspberry)

학명/기원식물 *Rubus idaeus* Linne.
복분자딸기 *Rubus coreanus* Miquel 또는
장엽복분자 *Rubus chingiii* Hu.

과　　명 장미과(Rosaceae)

사용부위 채 익지 않은 열매

산　　지 유라시아, 북미, 중국, 한국

치료적 효능 생식기계에 뛰어난 효과가 있는 복분자는 자궁강화, 영양 제공, 수렴, 가벼운 진정, 완화 등의 효능이 있다.

적 응 증 남성생식기계 정상화에 뛰어난 효과가 있는 것으로 알려져 있다. 자궁자극으로 생리를 정상화시키고 시력 약화를 방지하며 머리가 희어지는 것을 늦추고 소변을 자주 보는 증상, 메스꺼움, 구토, 입덧증상 완화에도 도움이 된다.
서양에서는 *Rubus idaeus* Linne의 잎으로 차를 만들어 상처, 설사, 복통의 치료, 자궁이완제로 사용하였다.

반려동물에 적용 소변을 너무 자주 보는 증상, 정액이 흐르는 증상을 완화시키고, 불안감 완화에 적용한다.

활 용 법 **약초차:** 물로 진하게 우러나도록 끓여 먹인다.
가　루: 가루나 알약으로 먹인다.
팅　처: 술에 우려내어 희석하여 먹인다.
즙: 농축하여 고로 만들어 먹인다.

주 의 점 복분자의 시든 잎은 반려동물에게 구토를 유발할 수 있으므로 사용하지 않는다.

14 산사(山楂) 호손(Hawthorn)

학명/기원식물 Crataegi Fructus
산사나무(*Crataegus pinnatifida* Bunge) 및 그 변종 (서양에서는 *Crataegus laevigata* 또는 *Crataegus monogyna*를 기원식물로 사용하기도 한다.)

과　명 장미과(Rosaceae)

사용부위 잎, 꽃, 열매 사용

산　지 중국, 한국

치료적 효능 심장과 혈관에 안전하고, 강장효과가 뛰어나며 소화를 돕는 약초로 위장강장 작용, 소화촉진, 혈액순환, 항균, 심혈관 기능 강화, 혈압강하, 혈관확장, 영양 제공, 항산화, 순환자극 등의 효능이 있다.

적 응 증 고혈압, 근육통, 소화 불량, 체하거나 윗배가 부르고 아픈 증상, 설사와 이질 증상, 속이 더부룩하거나 위산이 올라오는 증상을 완화하고, 생리불순 정상화에 사용한다. 정서적 스트레스 완화에도 도움이 된다.

반려동물에 적용 소화불량, 설사 증상에 효과적이고, 심장 기능이 약하고 맥박이 불규칙한 상태를 완화시키는 데 적용한다.

활 용 법 약초차: 물에 넣고 끓인 후 그 물을 먹인다. 끓인 물로 해당부위를 씻는다.

가　루: 가루나 알약으로 먹인다.

즙: 찧어서 즙을 내어 바르거나 붙인다.

생약초: 산사를 찧어서 해당부위에 붙여준다. 잘 익은 산사 열매를 갈아 먹여도 된다.

주 의 점 산사열매는 반려동물에게 동물실험 결과 안전한 것으로 보고되고 있다.

15 생강(生薑), 건강(乾薑), 진저(Ginger)

학명/기원식물 Zingiberis Rhizoma Crudus
생강 *Zingiber officinale* Roscoe

과 명 생강과(Zingiberaceae)

사용부위 생강 – 신선한 뿌리줄기

건강 – 뿌리줄기를 말린 것

산 지 서남아시아, 중국, 인도, 뉴기니아, 한국

치료적 효능 몸을 따뜻하게 하는 효과와 순환을 향상시키는 효과가 뛰어난 약초로 생강은 해독, 장내 가스 배출, 자극, 발한. 거담 등 효능이 있다.
건강은 거담, 워밍, 순환, 소화자극 등 치료적 효능이 있다.

적 응 증 생강은 찬바람으로 인한 열과 두통, 코 막힘, 가래, 기침, 구토, 설사, 관절부종을 완화하고 음식물로 인한 중독(생선, 게, 버섯 등)에 해독효과가 있다.
건강은 윗배가 차갑고 아플 때, 구토, 설사, 수족냉증, 찬바람에 몸이 저리고 아플 때, 관절부종, 맑은 가래가 있는 기침 완화에 효과가 있다.

반려동물에 적용 가스로 복부팽만, 소화불량, 결장, 쇼크, 발열, 구토, 염증, 통증 증상의 완화와 전신 순환 향상에 적용한다. 장시간 여행으로 인한 불안과 메스꺼움 완화에는 길초근과 함께 사용하면 더 효과적이다.

활 용 법 약초차: 물에 끓여 먹인다.

찜 질: 열에 구운 생강으로 찜질을 해준다.

가 루: 가루나 알약으로 먹인다.

건강은 약초차로 먹이거나, 끓인 물로 씻어주거나 가루 내어 붙여준다.

주 의 점 공복에 복용 시 자극이 될 수 있으므로 주의한다.

16 소회향(小茴香) 펜넬(Fennel)

학명/기원식물 Foeniculi Fructus
Foeniculum vulgare Miller

과　명 산형과(Umbelliferae)

사용부위 씨앗(열매)

산　지 지중해, 세계 각지, 한국

치료적 효능 소화기계의 균형을 잡아주는 약초로 건위, 진통, 항균, 순환자극, 가스배출, 이뇨, 항염 등의 효능이 있다.

적 응 증 젖 분비 촉진, 소화 촉진, 장내 가스배출 촉진, 생식기가 붓거나 아플 때, 음식을 적게 먹을 때, 위경련 완화, 배가 당기고 아픈 증상 완화, 생리통 완화, 구토 및 설사 완화, 전신순환 자극으로 허리통증완화에 효과가 있다.

반려동물에 적용 가스로 인한 복부팽만, 생식기 부종, 구토, 설사 등을 완화시키고 젖 분비 촉진에 사용한다. 반려동물 집 위쪽에 두면 벼룩퇴치에 도움이 된다.

활 용 법 **약초차**: 물 500㎖에 2티스푼을 넣고 진하게 우러나도록 끓인 후, 반려동물 체중 1kg당 3~6㎖를 먹인다.

가　루: 가루 또는 알약으로 먹인다. 가루를 내어 해당부위에 붙여줘도 좋다.

찜　질: 볶아서 따뜻하게 찜질한다.

주 의 점 비교적 안전한 허브지만, 자극성이 보고된 경우도 있다.

17 문형(問荊), 쇠뜨기, 호스테일(Horsetail)

학명/기원식물 *Equisetum arvence* L.

과 명 목적과(속새과, Equisetaceae)

사용부위 전체

산 지 한국, 중국, 일본, 히말라야, 러시아, 유럽, 북미

치료적 효능 지혈효과가 뛰어난 약초로 이뇨, 항균 등의 효능이 있다.

적 응 증 코피, 피를 토하는 증상, 대소변에 피가 나오는 증상, 다쳐서 출혈할 때 지혈효과가 있고, 기침, 소변이 잘 안 나올 때, 눈이 벌겋고 무언가 낀 듯 한 증상 완화에 효과적이다.

반려동물에 적용 혈뇨 등 비뇨기계 감염 증상 완화에 사용한다.

활 용 법

팅 쳐: 술에 우려내어 반려동물 체중 10kg 당 1.25㎖를 희석하여 먹인다.

생약초: 찧어서 붙인다.

가 루: 해당부위에 가루를 뿌려준다.

주 의 점 혈압과 심장관련 질환이 있는 경우 사용하지 않는다.
반려동물에게 과량복용 시 피부염이 생길 수 있으니 주의한다.

18 담마초(蕁麻草), 쐐기풀, 네틀(Nettle)

학명/기원식물 관엽담마(*Uritica laetevirens Maxim.*), 담마(*U. fissa* Pritz.), 협엽담마(*U. angustifolia* Fisch. et Homme.), 마엽담마(*U. cannabina* Linne) (서양에서는 *Urtica dioica*를 기원식물로 사용하기도 한다.)

과 명 담마과(쐐기풀과, Urticaceae)

사용부위 전체

산 지 한국, 중국, 일본, 서남아시아

치료적 효능 수렴, 강장, 이뇨 효과가 뛰어난 약초로 미네랄이 풍부하고, 류마티스, 통풍, 신장 결석 및 만성 피부병, 특히 습진, 건초열 치료에 널리 사용한다.

적 응 증 소화불량과 변비 증상 완화에 효과적이고, 두드러기 초기에 약초즙을 발라주면 완화된다.

반려동물에 적용 만성 소화기 장애의 정상화에 도움이 되고, 비뇨기계 질환이 있으나 비타민, 미네랄 섭취에 민감한 동물에게는 건강보조식품으로 사용한다.

활 용 법 약초차: 완전히 건조시킨 후 물에 넣고 끓인 후 그 물을 먹인다.

반려동물의 털 관리나 벼룩에 의한 가려움증 완화를 위해 외용할 경우, 약초 끓인 물을 식혀 사용 한다.

주 의 점 담마초 생것의 가시에는 독성이 있어, 접촉성 피부염 등 알레르기 반응을 일으킬 수 있으므로 주의하여 사용해야 한다.

19 아마인(亞麻仁) 플랙씨드(Flaxseed)

학명/기원식물 Lini Semen
아마 *(Linum usitatissimum* Linne)

과 명 아마과(Linaceae)

사용부위 잘 익은 씨

산 지 세계각지

치료적 효능 소화기계의 균형을 잡아주는 약초로 영양 제공, 소화기계 진정, 완하, 항산화, 강장 등 효능이 있다.

적 응 증 종기, 순환정체, 삐거나 멍든데, 헐어서 생긴 상처, 변비증상 등의 완화에 도움이 된다.

반려동물에 적용 변비증상, 설사 증상 완화에 적용한다.

활 용 법 약초차: 물에 넣고 끓인 후 그 물을 먹인다.

가 루: 가루로 만들어 붙이거나 먹인다. 변비 치료에는 아마씨 갈은 것 1티스푼을 물 100㎖에 타서 반려동물 체중 5kg당 3㎖씩 먹인다. 고양이는 체중대비 1/4로 분량을 줄여 먹이고 적응하는 상태를 보면서 서서히 늘려간다.

생약초: 찧어서 해당부위에 바른다.

주 의 점 내복할 경우, 분말로 된 아마씨를 반드시 물에 녹여 먹인다.

20 양제근(羊蹄根), 소리쟁이, 옐로우 덕(Yellow Dock)

학명/기원식물 Rumecis Radix
참소리쟁이 *Rumex japonicus* Houttuyn.
또는 토대황 *Rumex chalepensis* Miller
또는 *Rumex crispus*. L.

과 명 여뀌과(Polygonaceae)

사용부위 뿌리

산 지 세계각지

치료적 효능 해독과 염증완화에 효과적인 약초로 청열, 지혈, 살충, 혈액 정화, 완화, 항균, 영양 제공 등의 효능이 있다.

적 응 증 변비, 코피, 피를 토하는 증상, 생식기 출혈, 옴, 부스럼, 종기에 의한 가려움증 완화에 효과적이다. 혈액을 맑게 하는 데 도움이 되는 것으로 알려져 있다.

반려동물에 적용 해독과 변비, 염증 증상 완화에 효과가 뛰어나 지루성, 농포성, 접촉성 피부염 등 피부질환에 의한 가려움증 완화를 위해 해당 부위에 발라준다.

활 용 법 **약초차**: 물에 넣고 끓인 후 그 물을 먹이거나, 해당 부위를 씻어준다.
생약초: 찧어서 즙을 먹이거나, 해당부위에 붙이거나 발라준다.
즙: 물에 넣고 끓인 뒤 졸여서 고약처럼 만들어 먹인다.

주 의 점 양제근은 안트라퀘논(anthraquinon)이라는 유도체를 함유하고 있어 장의 운동을 자극해 변비에 효과적이다. 그러나 장출혈 증상이나 종양이 있는 경우 사용하지 않는다. 또한 양재근을 과도하게 사용할 경우 장 경련, 설사, 구토 등을 일으킬 수 있으므로 수의사와 상의 후 사용하는 것이 바람직하다.

21 옥미수(玉米鬚), 옥발(玉髮), 콘실크(Corn Silk)

학명/기원식물 Maydis Stigma
옥수수 *Zea mays* Linne

과 명 벼과(Gramineae)

사용부위 암술대와 암술머리

산 지 멕시코, 세계각지

치료적 효능 이뇨효과가 뛰어난 약초로 윤활, 진정, 내부 점막 보호, 항염, 간 자극(담즙 배출 촉진), 수렴 등의 효능이 있다.

적 응 증 소변이 잘 안 나올 때, 소변에 피가 섞여 나올 때, 배뇨 시 통증을 느낄 때, 젖이 잘 안 나올 때, 젖멍울이 생긴 경우 및 부종, 황달 증상 완화에 효과적이다.

반려동물에 적용 소변이 잘 안 나올 때, 부종, 만성 신장질환, 비뇨기계 질환 완화에 적용한다.

활 용 법 약초차: 물에 넣고 끓인 후 그 물을 먹인다.
가 루: 살짝 태워 가루로 만들어 먹인다.

주 의 점 꽃가루 알레르기가 있는 반려동물에게는 사용하지 않는다.
옥미수는 토끼의 자궁수축을 자극하는 것으로 알려져 있어, 임신한 반려동물에게는 사용 시 주의한다.

22 유백피(楡白皮), 느릅나무, 슬리퍼리 엘름(Slippery Elm)

학명/기원식물 Ulmi Cortex
느릅나무 *Ulmus macrocarpa* Hance
또는 *Ulmus pumila* Linne
(서양에서는 *Ulmus rubra* Muhl.을
기원식물로 사용하기도 한다.)

과　명 느릅나무과(Ulmaceae)

사용부위 겉껍질을 제거한 줄기껍질

산　지 중앙아시아, 북미, 유라시아, 인도네시아, 중국, 한국

치료적 효능 염증완화에 효과적인 약초로 윤활, 진정, 내부 점막 보호, 연화, 수렴, 영양 제공, 이뇨 등의 효능이 있다.

적 응 증 소변이 잘 안 나올 때, 부종, 종기, 옴, 부스럼, 임파선염 완화에 효과가 있다.

반려동물에 적용 이질, 장염, 대장염, 변비, 기관지염, 목 안의 염증 완화에 사용한다.

활 용 법 약초차: 물에 넣고 끓인 후 그 물을 먹인다. 상처, 부스럼, 종양 등의 치료를 위해 끓인 물을 식힌 후에 해당 부위를 씻어준다.

가　루: 건조된 속껍질을 갈아서 먹이거나 요구르트에 혼합하여 먹인다. 또는 해당 부위에 발라준다. 글리세린에 우려내어 먹일 경우, 반려동물의 체중 10kg당 하루 1~2회, 총 1~2㎖ 정도를 먹인다.

생약초: 찧어서 찜질한다.

주 의 점 유백피는 건조된 속껍질을 사용하는 것으로, 겉껍질은 소화기계와 비뇨기계에 자극성이 있어 사용하지 않는다.

23 은행잎, 백과(白果), 은행잎, 은행, 징코(Ginkgo)

학명/기원식물 은행 Ginkgonis Semen
은행잎 Ginkgo Folium
은행나무 *Ginkgo biloba* Linne

과 명 은행나무과(Ginkgoaceae)

사용부위 잎과 열매의 속씨

산 지 중국, 한국, 일본

치료적 효능 순환기계에 효과적인 약초로 은행잎은 혈액순환과 신장을 튼튼하게 하며, 혈관 확장, 항응혈, 항산화, 강장, 순환자극 등의 효능이 있다. 은행은 독소배출, 거담, 살균작용과 과도한 소변의 양을 줄이는 효능이 있다.

적 응 증 **은행잎**: 기침, 가래, 이질, 설사, 대하 등의 증상 완화에 효과적이다.

은행: 가래, 기침, 대하, 빈뇨, 종기, 옴, 부스럼 증상 완화에 도움이 된다.

반려동물에 적용 감기관련 증상 완화와 순환 촉진에 사용한다.

활 용 법 은행잎

약초차: 물에 넣고 끓인 후 그 물을 먹이거나, 씻어준다.

가 루: 가루나 알약으로 먹인다.

생약초: 찧어서 붙이거나 발라준다.

은행

약초차: 물에 넣고 끓인 후 그 물을 먹인다.

가 루: 가루나 알약으로 먹인다.

생약초: 찧어서 즙을 내서 먹이거나 해당부위에 붙여준다.

주 의 점 한 번에 너무 많은 양을 적용하면 구토, 설사 등의 부작용이 생길 수 있으므로 주의해야 한다.

24 차전초(車前草), 질경이, 플랜테인(Plantain)

학명/기원식물 Plantaginis Herba
질경이 *Plantago asiatica* Linne 또는
털질경이 *Plantago depressa* Willdenow
(서양에서는 *Plantago major*를 기원식물로 사용하기도 한다.)

과 명 질경이과(Plantaginaceae)

사용부위 풀 전체

산 지 세계각지

치료적 효능 해독과 항염에 좋은 약초로 윤활, 진정, 내부 점막 보호, 피부연화, 수렴, 항염, 지혈, 상처치유 등의 효능이 있다.

적 응 증 열 때문에 소변이 잘 안 나오거나 피가 섞어 나올 때, 냉의 색깔이 흐릴 때, 설사할 때, 목이 붓고 아플 때, 코피, 종기, 부스럼 증상 완화와 벌레 물린 데에 효과적이다.

반려동물에 적용 소변에 소량의 피가 나오는 경우, 비뇨기계 염증, 이질, 장염을 완화할 때 사용한다.

활 용 법 약초차: 약초를 넣고 끓인 후, 식혀서 먹이거나 그 물로 씻어준다. 반려동물 체중 10kg당 5㎖씩 하루 1~2회 먹인다.

즙: 갈아서 즙을 내어 발라주거나, 찧어서 해당부위에 붙인다.

주 의 점 소량 사용 후, 재채기나 눈물 등의 알레르기 반응이 없으면 양을 늘려 사용한다.

25 포공영(蒲公英), 민들레, 단델리온(Dandelion)

학명/기원식물 Taraxaci Herba
민들레 *Taraxacum platycarpum* H. Dahlstedt,
서양민들레 *Taraxacum officinale* Weber,
털민들레 *Taraxacum mongolicum* Handel-Mazzetti,
흰민들레 *Taraxacum coreanum* Nakai

과 명 국화과(Compositae)

사용부위 풀 전체

산 지 세계각지

치료적 효능 해열, 해독, 이뇨, 간 자극, 타액 분비 촉진, 소화 개선, 영양 제공, 항염, 강장, 순환자극 등의 효능이 있다.

적 응 증 젖가슴에 멍울이 생겼을 때, 벌레 물린데, 눈이 벌겋게 붓고 아플 때, 목이 붓고 아플 때, 임파선염, 종기, 열 감기, 기침, 위염, 장염, 이질, 화상, 비뇨기계 감염 등의 증상 완화에 효과적이다.

반려동물에 적용 소변, 대변이 잘 안 나올 때, 기침, 설사할 때, 비뇨기계 감염증상 완화에 적용한다.

활 용 법
약초차: 물에 넣고 끓인 후 그 물을 먹인다.
생약초: 찧어서 즙을 내어 먹이거나, 해당부위에 붙여준다.
가 루: 가루로 만들어 먹인다.

주 의 점 깨끗이 씻어 사용해야 한다.

26 황금(黃芩), 속 썩은 풀, 스컬 캡(Skull cap)

학명/기원식물 ScutellariaeRadix
속 썩은 풀 *Scutellaria baicalensis* Georgi

과 명 꿀풀과(Labiatae)

사용부위 뿌리 / 풀 전체

산 지 중국, 한국과 같은 기후대의 세계각지

치료적 효능 해독과 지혈에 효과적인 약초로 청열, 해열, 이뇨, 항균, 항바이러스, 진통, 진정작용과 장관운동억제 등의 효능이 있다.

적 응 증 열 기침, 고열, 눈이 벌겋게 붓고 아플 때, 이질, 설사, 열로 인해 소변이 잘 안 나올 때, 피를 토하거나 코피가 날 때, 생식기에서 피가 나올 때, 종기, 부스럼 증상 완화에 효과가 있다.

반려동물에 적용 개가 안절부절못하거나, 간질증상, 흥분, 열 증상, 피를 토하거나 생식기에서 피가 나올 때, 부스럼 증상에 적용한다. 접촉에 과민반응을 보이거나 분리불안, 질투 등 두려움에 기인하는 공격성 등에도 사용한다.

활 용 법 약초차: 약초를 물에 넣고 끓인 후 식혀서 먹이거나 그 물로 씻어준다.

가 루: 가루를 내어 캡슐에 담아 먹이거나, 해당부위에 붙여준다.

생약초: 해열과 해독에는 날 것을 사용하고, 지혈해야 할 경우에는 약간 볶아 태워서 사용한다.

주 의 점 쓴맛이 나므로 소량씩 사용한다.

27 황기(黃耆) 아스트라갈루스(Astragalus)

학명/기원식물 Astragali Radix
황기 *Astragalus membranaceus* Bunge 또는
몽골황기(*蒙古黃耆*) *Astragalus membranaceus*
Bunge var. *mongholicus* Hsiao

과 명 콩과(Leguminosae)

사용부위 뿌리

산 지 중국, 한국을 포함한 북반구 지역

치료적 효능 치유효과가 뛰어난 약초로 기를 더해주고 에너지를 끌어 올린다. 독소배출, 상처치유, 면역자극, 항염, 항균, 항바이러스 및 약간의 갑상선기능 저하완화, 혈압 강하, 혈액정화, 소화력 강화, 강장, 이뇨, 해독 등의 효능이 있다.

적 응 증 설사, 탈장, 기운이 약해 땀이 날 때, 자면서 땀을 흘릴 때, 온몸이 저릴 때, 부종, 반복되는 만성 종기 증상 등을 완화시키고, 기침, 감기 등 감염증상에 면역강화와 허약체질 개선에 효과적이다.

반려동물에 적용 면역을 증강하고 질병에 대한 저항력 강화, 자궁탈출, 탈장 증상, 설사, 기침에 적용한다.

활 용 법 약초차: 물에 넣고 끓인 후, 우려 낸 물을 반려동물 체중 10kg당 1㎖를 먹인다.

가 루: 가루나 알약으로 먹인다.

고: 끓인 뒤 졸여서 고를 만들어 먹인다.

주 의 점 열이 있거나 급성 감염증상에는 사용하지 않는다.

28 서미초(鼠尾草) 세이지(Sage)

학명/기원식물 단삼속 식물 서미초(*Salvia japonica* Thunb.), 둥근배암차조기(서양에서는 *Salvia officinalis*를 기원식물로 사용하기도 한다.)

과 명 꿀풀과(Lamiaceae)

사용부위 풀 전체

산 지 중국 동남부, 일본, 유럽

치료적 효능 염증완화에 효과적인 약초로 청열작용. 혈액순환, 생리조절, 수렴작용, 항경련 등의 효능이 있다.

적 응 증 황달. 질 분비물이 희거나 붉은 증상. 불규칙한 생리, 생리통. 종기, 부스럼. 삐거나 맞아서 다친 상처. 소화기관의 박테리아, 진균에 의한 감염증, 위장 경련, 복부팽만 등의 증상 완화.

반려동물에 적용 입, 목 안, 소화기관, 피부의 염증. 가스로 배가 부른 경우

활 용 법 약초차: 마른 약초 1티스푼을 물에 넣고 끓인 후, 식힌 상태에서 먹인다. 백선감염 시에는 서미초를 우려낸 물을 하루 2번 정도 먹이면 도움이 된다.

찜 질: 찧어서 해당부위에 찜질을 한다.

주 의 점 오일 형태의 세이지는 자극성이 있어 사용하지 않는다.

29 인삼(人蔘) 진생(Ginseng)

학명/기원식물 Ginseng Radix
Panax ginseng C. A. Meyer

과 명 두릅나무과(Araliaceae)

사용부위 뿌리

산 지 한국, 중국, 북미, 시베리아

치료적 효능 신진대사를 활성화시켜 허약체질을 개선하는 데 효과적인 인삼은 강장, 진정, 순환자극, 면역강화 작용 등의 효능이 있다.

적 응 증 피로와 스트레스를 완화시키고, 류머티즘으로 인한 통증, 음식을 적게 먹는 증상, 쉽게 지치고 기운 없는 증상, 구토, 대변이 묽은 경우, 소변이 잦은 경우.

반려동물에 적용 약해진 기운을 회복시키거나, 체질을 개선하고 면역력을 높일 때, 신장과 심장기능을 보호할 때

활 용 법 약초차: 물에 진하게 우러나도록 끓여서 식힌 후 먹인다.

가 루: 가루로 만들어 먹인다.

고: 농축하여 고로 만들어 먹인다.

주 의 점 기가 부족해 생기는 증상에는 인삼을 단독으로 사용하기보다, 다른 약재와 배합하여 사용하는 경우가 많다. 고혈압, 급성 감염증에는 사용에 주의한다.

30 관엽연교(貫葉連翹) 세인트 존스 워트(Saint- John's-Wort)

학명/기원식물 *Hypericum perforatum* Linne

과 명 등황과(물레나물과, Hypericaceae)

사용부위 풀 전체

산 지 세계각지(사막, 극지방, 열대 지역 제외)

치료적 효능 항염작용이 뛰어나고 우울감 완화에 효과적인 약초로 생리촉진작용, 해독작용, 면역자극, 항균, 진통, 항바이러스, 항우울작용 등의 효능이 있다.

적 응 증 기침하며 피가 나올 때, 피를 토할 때, 생식기 출혈, 상처로 인한 출혈, 불규칙한 생리, 젖이 잘 나오지 않을 때, 목구멍 통증, 눈이 벌겋게 붓고 아플 때, 비뇨기계 감염, 입과 코의 종기, 화상, 우울감을 완화시킬 때

반려동물에 적용 상처의 치료, 감기, 출혈, 비뇨기계 감염, 불안하고 우울해 할 때 적용한다. 부상으로 인한 우울 등 정서적 불안을 안정시킬 때에도 도움이 된다.

활 용 법 **약초차**: 물에 넣고 끓인 후 그 물을 먹인다.

생약초: 신선한 것을 찧어 붙이거나 비벼서 코에 넣기도 한다.

찜 질: 마른 관엽연교는 가루로 만들어 붙인다.

주 의 점 사용 후 햇빛에 나가면 발진이 생길 수 있으니 주의한다.

Part III 동물을 위한 아로마테라피 실습

Aromatherapist of Companion Animals

❖ 안전수칙

이 파트는 개, 고양이, 말의 다양한 증상에 적용할 수 있는 아로마테라피 정보를 소개하고 있다. 아로마테라피는 사람과 동물의 다양한 증상에 적용하여 심신을 치유하고 건강을 증진시키는 자연요법이지만 질병치료에 우선적으로 적용하지 않도록 한다. 동물이 아프면 먼저 수의사를 찾아 어떤 문제가 있는지 진료를 받고 적절한 치료를 받아야 한다. 그리고 병용하여 아로마테라피를 사용한다면 원하는 효과를 얻을 수 있을 것이다.

동물 [개]

1. 개

전세계적으로 약 10억 마리의 개가 존재할 것으로 추정되고 그중 55% 정도의 개들이 자유롭게 돌아다니면서 생활하고 있다고 한다. 최근 농림축산식품부의 동물보호 국민의식조사 결과에 따르면 약 662만 마리의 개와 232만 마리의 고양이 이외에 다른 동물을 포함하면 우리나라의 반려동물은 1000만 마리가 넘을 것으로 추정된다.

사람과 동물이 행복한 교감을 나누는 모습을 주위에서 쉽게 볼 수 있는데, 함께 살아가며 심리적인 위안과 정서적 안정감을 주는 가족, 친구와 같은 존재라는 의미에서 반려견에 대한 사랑과 관심이 커지고 있다.

개와 사람은 고대부터 삶의 동반자였다. 개의 화석을 분석한 결과 개는 33,000~36,000년 전 사이에 회색늑대(Canis lupus)로부터 분화가 이루어졌고 1만 5000년 전부터 인류에 길들여졌을 거라고 본다.

원시 인류는 개를 사냥, 목축, 운송, 경비와 같은 용도로 사용하였고, 오랜 시간에 걸쳐 다양한 품종의 개량이 이루어졌으며 오늘 날 반려견으로 함께하게 되었다.

개의 학명은 *Canis lupus familiaris*이다. 개의 수명은 보통 12~18년 정도로 품종에 따라 차이를 보이지만, 영양상태의 개선과 수의학의 발전으로 장수하는 개가 늘어나는 추세이다.

개의 혈액형은 1번에서 7번까지의 숫자로 분류하며 최소 13개 이상으로 알려져 있다. 항원-항체 반응을 보이는 대표적인 혈액형은 1.1, 1.2, 3, 4, 5, 그리고 7번 혈액형이다.

개의 피부는 결이 거친 보호모(guard hair)나 부드러운 속털(down hair) 두 종류의 털로 덮여 있으며, 개의 종에 따라 한 종류 또는 두 종류의 털을 모두 가지며, 추운 기후에 사는 개들의 털은 이중모로 되어 있다. 보통은 안쪽에 부드럽고 미세한 털이 나 있고, 그 위로 길고 뻣뻣한 털이 난다. 개는 봄, 가을에 털갈이를 한다. 모질은 개의 품종마다 달라서 부드럽게 자란 직모, 거칠고 뻣뻣한 직모, 곱슬거리는 긴털, 짧은 털 등 다양한 모양이 있고, 색상도 흰색, 검은색, 붉은색을 바탕으로 다양한 변형이 있다.

2. 개를 위한 아로마테라피

가. 소화계 질환

소화계는 입에서 식도와 위, 소장, 대장을 거쳐 항문으로 이어지는 긴 관이다. 이 관은 피부의 연장선으로 몸 안에 있지만 신체기관에서 봤을 때에는 몸의 외부이다. 이곳은 피부와 같이 정상균총(정상적으로 많은 균)들이 서식하고 있다. 정상적인 면역을 가진 동물은 이들 정상균총이 일정한 수를 유지하며 소화에 도움을 주거나 비타민을 합성하는 등 동물에게 도움이 된다. 그러나 어떠한 원인으로 인해 이러한 균형이 깨졌을 때 문제가 발생한다.

음식물을 섭취한 동물은 이빨로 음식물을 잘게 자르고 입에서 분비된 소화효소와 골고루 섞는다. 잘게 분쇄된 음식물은 식도를 통하여 위로 들어가며 위산에 의해 음식물은 걸죽한 상태가 된다. 위산은 강력하여 웬만한 동물의 뼈도 녹인다. 하지만 플라스틱이나 동전, 복숭아씨와 같은 물체는 녹이지 못하므로 먹지 않도록 주의해야 한다. 걸죽해진 음식물은 소장에서 영양분이 흡수되고 대장을 거치면서 수분이 흡수되어 딱딱한 변이 되어 저장되어 있다가 항문을 통하여 배설된다.

(1) 구토(Vomiting)

• 개념

구토는 먹었던 음식물이나 위액을 게워내는 것을 말한다. 개는 섭취한 음식물 중 상한 음식물이나 소화되지 않는 것들을 제거하기 위해서도 구토를 하므로 어쩌다 한번 하는 구토는 정상적인 행동일 수 있지만, 다음과 같은 경우에는 수의사에게 진료를 받아야 한다.

- 하루 2회 이상 구토하는 경우
- 구토가 3일 이상 지속되는 경우
- 구토물에 피가 섞여 나오는 경우
- 구토하는 행동이 과도한 경우

• 주요 원인

위염, 위장염, 위궤양, 파보바이러스성 장염, 식도협착, 장폐색증, 장중첩, 위내 이물, 소장내 이물, 탈장, 유문 협착, 자궁축농증, 신부전, 요독증, 사구체 신염, 회충감염증, 중금속중독, 급성 췌장염, 복막염, 만성 간염, 복강내 종양 등

• 도움이 되는 에센셜 오일

넛멕, 레몬, 마조람, 진저, 파촐리, 페퍼민트, 헬리크리섬

(2) 설사(Diarrhea)

• 개념

설사는 음식물의 수분이 대장에서 충분히 섭취되지 못하고 배설되는 것을 말한다. 설사도 구토와 같이 몸에 해로운 독소와 노폐물을 빨리 배출하기 위한 과정이므로 설사증상 초기에 바로 지사제를 사용하여 설사를 멈추게 하는 것은 노폐물의 배출을 방해하여 신체에 해롭다. 설사가 심한 경우에는 반드시 수의사에게 진료를 받아야 한다.

• 주요 원인

바이러스 감염, 식중독으로 인한 독소나 세균의 섭취, 기생충 감염, 약물들의 과민반응, 소화기의 면역력 저하 등

• 도움이 되는 에센셜 오일

레몬, 레몬그라스, 멀, 베티베르, 카모마일 로만, 페퍼민트, 프랑킨센스, 헬리크리섬

(3) 파보바이러스성 장염(Parvoviral enteritis)

• 개념

파보바이러스성 장염은 개 파보 바이러스(Canine Parvo virus) 감염에 의해 악취가 심한 설사와 구토 등을 유발하는 질병을 말한다. 면역력이 약한 어린 강아지는 쉽게 죽음에 이를 수 있으며 치사율이 높은 질병이고, 전염성이 높기 때문에 구토물이나 설사에 의해 다른 개가 전염되지 않도록 주의해야 한다. 만약 집에 데리고 온 지 얼마 되지 않은 어린 강아지가 설사나 구토를 한다면, 파보바이러스성 장염으로 인한 설사일 경우가 많다. 파보바이러스성 장염은 수의사의 집중적인 치료를 받아야 생존율을 높일 수 있고, 예방 접종으로 예방할 수 있다.

• 주요 원인

다른 개의 분변이나 타액, 구토물을 통해 전염성이 높은 파보 바이러스의 감염

• 도움이 되는 에센셜 오일

레몬, 유칼립투스 글로불루스, 유칼립투스 라디에타, 진저, 타임, 티트리, 패출리, 페퍼민트, 히솝

(4) 변비(Constipation)

• 개념

변비는 소화된 음식 찌꺼기가 대장에서 움직이지 않고 정체되어 있는 것을 말한다. 대장에 정체된 변은 대장 내에 있는 동안 계속해서 수분이 재흡수되므로 더욱 건조해져서 변을 보기 더 힘들어진다. 규칙적인 운동과 식이 섬유소의 양을 증가시키는 것이 변비예방에 도움이 되며, 급성 변비는 하루 정도 절식을 시키고 물을 충분히 공급하고 다음 날 신선한 죽을 먹이면 도움이 된다.

• 주요 원인

질이 낮은 식이(단백질이 많고 섬유소가 적게 들어간 먹이), 뼈, 건조식품의 다량 섭취, 배변 시의 동통, 직장 폐색, 전립선 종양, 직장게실, 후구마비를 가져오는 척수질환, 내분비장애, 심한 탈수증 등

• 도움이 되는 에센셜 오일

라벤더, 레몬, 마조람, 바질, 베티베르, 주니퍼 베리, 진저, 페퍼민트

(5) 간염(Hepatitis)

• 개념

간염은 간실질세포가 다양한 원인에 의해 손상되고 염증성 변화를 일으킨 상태를 말한다. 급성 간염의 경우 식욕 부진, 황달, 신경증상, 파종성혈관내응고(DIC) 증상을 보이고 심각한 경우 예후가 좋지 않다. 만성 간염은 특이한 증상을 보이지 않으면서 식욕부진으로 점차 야위어가고 빈혈과 영양장애를 보이며 시간이 경과되면서 설사, 변비, 구토, 원기소실 증상을 보인다.

• 주요 원인

급성 간염은 유독물질이나 화학약품, 의약품 등의 중독이나 전염성 간염 바이러스, 허피스 바이러스, 바베시아 원충 등에 감염이 된 경우, 식이성 설사와 같은 주요 원인들로 인하여 간 세포의 괴사가 급격히 일어난 경우 발병한다. 만성 간염은 중독 물질에 서서히 노출되었을 때나 만성질환, 영양 장애와 같은 경우에 발생한다.

• 도움이 되는 에센셜 오일

그레이프프룻, 넛멕, 로즈마리, 멀, 스피어민트, 제라늄, 주니퍼 베리, 카모마일 로만, 카모마일 저먼, 헬리크리섬

(6) 치석(Plaque)

• 개념

치석은 오랜 시간에 걸쳐 음식찌꺼기가 치아 표면에 달라붙어 침착된 플라그가 굳어지면서 형성된 것을 말한다. 치석은 치주염을 유발하며 상태가 심해지면 입에서 지독한 악취가 나고 치주의 손상이 진행되어 이빨들이 빠지기 시작한다. 치석은 신선한 음식을 먹이고, 동물의 뼈, 개껌, 장난감 등을 씹게 하거나 칫솔질을 하여 예방할 수 있지만 이미 단단하게 형성된 치석은 자연제거가 힘들기 때문에 동물병원에서 스케일링을 하여 제거해 준다.

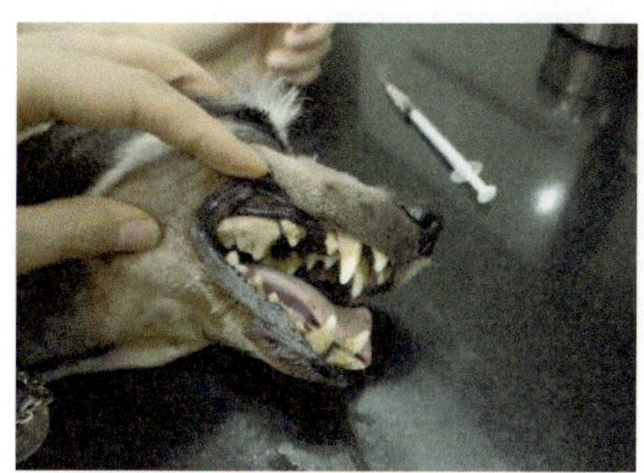

개의 치석

• 주요 원인

먹이의 미세한 찌꺼기

• 도움이 되는 에센셜 오일

멀, 티트리, 헬리크리섬

(7) 내부기생충 감염(Parasite infection)

• 개념

내부기생충 감염은 회충, 편충, 구충, 촌충 등 기생충의 감염된 상태를 말한다. 이들 기생충은 동물의 장기에 서식하면서 동물이 섭취한 영양분을 가로채거나 피를 빨아먹으며 기생충 감염이 심해지면 구토와 설사, 빈혈, 영양불량 상태를 보이면서 털에 윤기가 없어지고 말라간다. 내부기생충 감염을 예방하기 위하여 정기적으로 구충제를 먹이는 것이 좋다.

• 주요 원인

어미의 태반 또는 먹이를 통해서, 산책 중에 다른 동물의 배설물 등

• 도움이 되는 에센셜 오일

레몬, 레몬그라스, 버가못, 타임, 티트리, 페퍼민트, 히솝

나. 호흡계 질환

호흡기계는 신선한 공기를 흡입하여 그 중의 산소를 몸의 대사과정에서 발생한 이산화탄소와 교환해주는 역할을 한다. 그 기능을 원활히 할 수 있도록 외부의 공기에 있는 미세한 먼지를 걸러주고 온도와 습도를 맞추어주는 것이 코와 부비동, 기관의 역할이다. 호흡기계에 발생하는 문제들은 대부분 공기를 호흡하면서 바이러스나 세균의 감염 등과 관계가 있다.

(1) 콧물과 기침(Nasal discharge and Cough)

• 개념

코로 들어온 먼지나 세균, 바이러스에 의해 비강이나 기관지가 자극을 받으면 콧물과 기침이 난다.

• 주요 원인

먼지, 풀씨, 박테리아, 바이러스, 기관허탈 증상, 고령에 의한 심장기능 이상, 곰팡이 감염, 종양 등

• 도움이 되는 에센셜 오일

라벤더, 레몬, 레몬그라스, 로즈마리, 마조람, 스피어민트, 시더우드, 유칼립투스 글로불루스, 유칼립투스 라디에타, 페퍼민트, 히솝

(2) 폐렴(Pneumonia)

• 개념

폐렴은 폐의 세기관지와 폐포에 염증이 생긴 것을 말한다. 폐렴이 발생한 경우 호흡곤란을 겪게 되며 기침, 발열, 체중감소, 식욕부진 등의 증상을 보인다.

• 주요 원인

개 홍역 바이러스, 개 파라인플루엔자 바이러스, 개 아데노바이러스와 같은 바이러스와 바이러스 감염 후 2차적으로 보데텔라 브론카이셉티카, 대장균, 포도상구균과 같은 세균의 감염, 진균, 알레르기, 기생충, 심장사상충, 이물 등

• 도움이 되는 에센셜 오일

라벤더, 레몬, 레몬그라스, 로즈마리, 마조람, 유칼립투스 글로불루스, 유칼립투스 라디에타, 타임, 티트리, 히솝

(3) 홍역(Distemper)

• 개념

개 홍역은 개 홍역 바이러스(Canine Distemper virus)에 의해 발생하는 급성 열성 질환을 말한다. 열, 기침, 콧물, 설사, 구토 등이 나타나며 전염성이 강하고 치사율이 높은 질병이기 때문에 반드시 집중적인 치료를 하여야 한다. 회복이 되어도 발바닥이 딱딱해지거나 이빨이 손상되는 후유증이 남을 수 있다. 홍역을 예방할 수 있는 방법은 예방접종이다.

• 주요 원인

개 홍역 바이러스(Canine Distemper virus)

• 도움이 되는 에센셜 오일

라벤더, 레몬, 레몬그라스, 로즈마리, 마조람, 유칼립투스 글로불루스, 유칼립투스 라디에타, 티트리, 히솝

(4) 기관지염(Bronchitis)

• 개념

기관지염은 기관지의 점막, 점막하직 및 기관지 주위 조직에 급성 또는 만성의 염증을 주증상으로 하는 질환을 말한다. 기관지염은 발작성 기침을 특징으로 하며 보통 이른 새벽에 증상이 심해진다.

• 주요 원인

개 파라인플루엔자 바이러스, 개 아데노바이러스, 개 허피스 바이러스, 개 디스템퍼 바이러스 등의 바이러스 및 세균, 곰팡이의 감염, 연기 또는 화학물질의 자극, 물리적인 자극(조이는 목줄 또는 목 졸림 등) 등

• 도움이 되는 에센셜 오일

바질, 유칼립투스 라디에타, 진저, 타임, 티트리, 페퍼민트, 헬리크리섬

(5) 기관 허탈(Tracheal Collapse)

• 개념

기관은 연골로 이루어져 동그란 관 형태를 하고 있으며 코로 흡입한 공기가 폐로 흐르게 하는 통로역할을 한다. 기관 허탈은 관의 형태를 하고 있어야 할 기관이 어떤 원인으로 인해 눌려 납작해지면서 공기의 통로 역할을 못하는 경우 호흡곤란 증상을 보이는 것을 말한다.

• 주요 원인

기관 허탈은 요크셔테리어나 푸들, 말티즈, 치와와, 페키니즈, 포메라니언, 시추와 같이 소형 반려견이나 단두종에 많아 유전적 요인이 있다고 보여지며 비만이 있는 경우 기관 주위의 지방조직이 기관을 압박하여 다발하기도 한다.

• 도움이 되는 에센셜 오일

라벤더, 레몬그라스, 마조람, 베티베르, 시더우드, 프랑킨센스, 헬리크리섬

(6) 열사병(Heatstroke)

• 개념

열사병과 고체온증은 동의어로서 사용되고 있다. 주위 환경의 온도가 체온보다 높아 열의 방출이 제한되면 열사병 증상을 보이며 급속한 체온 상승(41~42℃)이 관찰되고 과호흡 및 호흡곤란 증상을 보이며 맥박이 증가하고 경련 증상을 보이며, 방치하는 경우 쇼크(shock) 상태가 되어 죽을 수도 있다. 열사병에 걸린 개는 신속하게 체온을 내려야 하며 쇼크 상태를 보이는 경우 빨리 수의사의 치료를 받아야 한다.

• 주요 원인

통풍이 잘 되지 않는 태양이 뜨겁게 내리쬐는 곳에 동물을 장시간 방치한 경우(특히 더운 여름날 차에 개를 놔두고 문을 닫아 놓은 경우)

• 도움이 되는 에센셜 오일

라벤더, 페퍼민트, 프랑킨센스, 헬리크리섬

다. 혈액순환계 질환

심장은 폐에서 이산화탄소와 산소가 교환된 신선한 혈액을 전신에 순환시켜주는 역할을 한다. 다양한 심장질환은 혈액 순환이 약하거나 문제가 생겼을 때 발생한다. 심장질환이 있는 경우 대부분 운동을 싫어하거나 운동을 하면 조금만 움직여도 호흡이 가빠지고 숨이 차고 흥분하며 기침을 하고, 심한 경우 휴식 시에도 호흡곤란 증상을 보인다. 또 폐수종이 있는 경우 포말성 기침을 한다.

(1) 우측심부전 (Right-sided cardiac failure)

• 개념

우측심부전은 심장에서 폐로 향하는 혈액 순환에 문제가 발생한 것을 말한다. 혈액의 폐순환에 문제가 발생한 경우 일생동안 아무런 증상도 없이 살아가기도 하지만 심한 경우

운동 시 호흡곤란, 간종대, 복수, 사지의 부종 등을 보이고 최악의 경우 운동 시 실신하거나 급사하는 경우도 있다.

- 주요 원인

선천성 심장질병, 삼첨판부전, 총혈량의 증가, 심장사상충 감염증 등

- 도움이 되는 에센셜 오일

발레리안 루트, 헬리크리섬

(2) 좌측심부전 (Left-sided cardiac failure)

- 개념

좌측심부전은 전신으로 혈액을 순환시키는 좌측 심장의 기능에 문제가 발생한 것을 말한다. 상태가 심하지 않은 경우 증상을 보이지 않지만 상태가 심해지면 운동능력저하, 과도한 운동 시 실신과 같은 증상을 보인다.

- 주요 원인

선천성 심장병, 승모판부전, 동맥성 고혈압, 간질성 혹은 폐포성 폐수종, 폐울혈, 박출 부족 등

- 도움이 되는 에센셜 오일

발레리안 루트, 진저, 페퍼민트, 헬리크리섬

(3) 동맥관 개존증 (Patent ductus arteriosus: PDA)

- 개념

동맥관 개존증은 출생 직후 폐쇄되어야 할 태아기 강아지의 동맥관이 폐쇄되지 않고 계속 열려 있는 경우를 말한다. 이렇게 태어난 강아지는 혈액순환의 문제로 인해 발육이 지연되며 복수가 저류되고, 사지에 부종이 생기며 호흡곤란 증상을 보인다. 상태가 심해지는 경우 우심부전으로 인해 사망하게 된다.

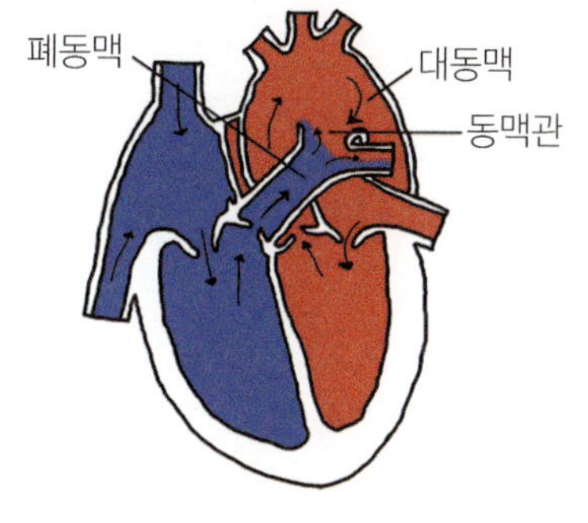

동맥관 개존증

- 주요 원인

태아의 출산 시 폐쇄되어야 할 동맥관이 폐쇄되지 않고 남아 있는 선천적인 이상으로 인해 발생

• 도움이 되는 에센셜 오일

발레리안 루트, 헬리크리섬

(4) 울혈성 심부전 (Congestive heart failure)

• 개념

울혈성 심부전은 좌측 또는 우측의 심부전이 일어나는 것을 말한다. 혈액순환에 있어서 어느 한쪽의 심장 기능의 이상은 다른 쪽에 상당한 영향을 끼치기 때문에 폐수종으로 인한 호흡곤란과 빈호흡, 잦은 기침, 피로, 침울, 체중감소, 점막충혈 등의 증상을 유발하고, 사지가 부종으로 붓고 폐와 복부에 물이 찬다.

• 주요 원인

심방 중격 결손증, 폐동맥판막 협착증, 대동맥판막 협착증, 심실 중격 결손증, 이첨판 폐쇄 부전과 같은 심장의 다양한 문제에 의해서 발생

• 도움이 되는 에센셜 오일

마조람, 시나몬, 오렌지 스윗, 일랑일랑, 타임, 헬리크리섬

(5) 심장사상충 감염증(Heartworm Infection)

• 개념

심장사상충은 모기의 흡혈에 의해 개와 개로 전파되는 기생충성 전염병을 말한다. 감염 초기에는 아무런 증상이 없지만 나이가 들면서 기침 증상을 보이고 혈액순환장애와 호흡곤란 증상을 야기하고 심한 경우 죽음에 이르게 한다. 심장사상충 진단키트로 진단할 수 있으며 매달 심장사상충 약을 투여해 예방 할 수 있으며 최근에는 한 번의 주사로 장기간 예방할 수 있는 주사제도 개발되었다.

• 주요 원인

개 사상충(Dirofilaria immitis)의 자충(microfilaria)에 감염된 모기가 개의 피를 흡입하면서 개가 감염됨

• 추천 에센셜 오일

시나몬, 일랑일랑, 헬리크리섬

(6) 빈혈(Anemia)

• 개념

빈혈은 신체에 필요한 산소를 혈액이 적절하게 운반해주지 못하는 상태를 말한다. 각 장

기가 활동을 하기 위한 충분한 산소를 공급받지 못해 원기소실과 식욕저하, 가시점막의 창백, 호흡곤란이 일어난다. 상태가 심한 경우 동물병원에서 수혈을 통해 혈액순환상태를 개선시켜주어야 한다.

• 주요 원인

양파 중독, 자가면역에 의한 용혈, 바베시아 감염, 대정맥증후군, 심각한 기생충감염, 와파린 중독, 급성 대장염, 만성적인 위출혈, 파종성 혈관내응고, 전신성 홍반성낭창, 간질성 신염, 납중독, 백혈병, 골수종, 비타민 B6(pyridoxine) 결핍증 등

• 도움이 되는 에센셜 오일

베티베르, 헬리크리섬

라. 비뇨기계 질환

비뇨기계는 대사과정 중에 발생한 혈액 내의 대사 노폐물을 배출하고, 체액의 균형을 유지하는 역할을 한다. 혈액이 신장의 세뇨관을 통과되면서 노폐물은 능동적으로 배출되고 몸에서 필요한 물질은 재흡수된다.

(1) 급성 신부전(Acute renal failure: ARF)

• 개념

신부전은 혈액내의 노폐물을 걸러내는 신장이 제 기능을 하지 못하는 상태를 말한다. 이 때에 광범위한 대사 장애로 나타나는 중독증상을 요독증이라 하며 급성 신부전이 양측성으로 발생한 경우 4~6일 이내에 죽게 되고, 편측성일 때에는 다른 쪽의 신장이 보상적인 기능을 한다.

• 주요 원인

글리콜(glycol)류 (chloroform, methyl alcohol, phenol, ethylene glycol 등), 중금속 (납, 비소, 수은, 비스무스 등), 폴리믹신(polymyxin), 바시트라신(bacitracin), 아미노글리코사이드(aminoglycoside)계의 항생물질, 설폰아미드제, 항진균제, 렙토스피라 캐니콜라(Leptospira canicola), 항원-항체반응 생성물 등

• 도움이 되는 에센셜 오일

그레이프프룻, 레몬그라스, 시더우드, 헬리크리섬

(2) 만성 신부전 (Chronic renal failure: CRF)

• 개념

만성 신부전은 오랜 시간에 걸쳐서 서서히 진행된 신장 손상을 말한다. 초기증상은 물을 많이 마시고, 오줌량이 늘어나고, 증상이 악화되면서 체중감소, 쇠약, 구취, 식욕부진, 빈혈 및 구토나 설사 등의 요독증 증상을 나타낸다.

• 주요 원인

광범위하게 발현하는 만성 사구체신염, 만성 간질성신염, 만성 신아밀로이드증, 만성 신우신염, 신피질형성부전, 수신증, 다낭성신장, 신종양 등 및 급성 신부전의 결과로서 발생

• 도움이 되는 에센셜 오일

그레이프프룻, 레몬그라스, 주니퍼 베리, 헬리크리섬

*주니퍼 베리는 매우 주의해서 극소량만을 사용한다.

(3) 방광염(Cystitis)

• 개념

방광염은 방광에 염증이 생기는 것을 말한다. 오줌에 피가 섞여 나오고 자주 오줌을 보며 오줌을 보고 난 후에도 잔뇨감 때문에 반복적으로 배뇨 자세를 취한다. 방광염 자체만으로 전신적인 증상은 보이지 않지만 요관염, 신우신염으로 진행되는 경우 전신증상이 나타난다.

• 주요 원인

요도를 타고 올라온 세균의 감염, 결석이 있는 경우, 면역력 장애 등

• 도움이 되는 에센셜 오일

그레이프프룻, 레몬, 레몬그라스, 버가못, 주니퍼 베리, 타임, 패출리

(4) 요석증(Urolithiasis)

• 개념

결석은 신장 또는 방광, 요도 내에 형성된 결정을 말한다. 결석으로 인해 요로점막과 방광벽을 자극, 손상시키며 또한 요로 혹은 요관이 폐쇄된다. 방광 결석은 결석이 방광을 자극하는 통증으로 인해 오줌을 자주 보고 오줌을 볼 때 불편해하고, 방광염이 심해지는 경우 오줌에 피가 섞여 나온다. 요도나 요관에 결석이 있는 경우 오줌 통로를 막기 때문에 힘들게 오줌을 누고 심한 경우 배뇨를 하지 못하게 된다.

• 주요 원인

요의 pH 또는 이온 농도의 변화, 점막상피세포의 핵화, 비타민A 결핍, 에스트로겐의 과다 분비 등

• 도움이 되는 에센셜 오일

레몬, 레몬그라스, 버가못, 주니퍼 베리, 타임, 파인

마. 근골격계 질환

(1) 골절(Bone Fracture)

• 개념

골절은 뼈의 일부 또는 전체가 부러진 상태를 말한다. 뼈는 근육의 종착점으로 근육운동의 지지기반이 된다. 이러한 뼈가 손상 받는 경우 운동에 장애를 가져오며 극심한 통증을 유발한다. 불완전골절의 경우 붕대 등을 이용하여 형태를 유지해 주어야 하고, 완전골절의 경우 외과적 수술을 하는 등 적절한 방식으로 고정을 해주어야 한다.

• 주요 원인

추락, 타박 등의 외부 충격 및 구루병, 골위약증, 골종양 등 뼈의 밀도가 떨어진 상태에서의 외부 충격 등

• 도움이 되는 에센셜 오일

레몬, 멀, 헬리크리섬

(2) 관절염(Arthritis)

• 개념

관절염은 관절의 마주하는 연골에 염증이 생겨 운동 시 통증을 유발하는 질병을 말한다. 관절은 운동성을 갖는 두 뼈가 만나는 곳에 형성된다. 관절염에는 몸의 면역시스템이 관절조직을 공격하여 염증이나 통증을 유발하는 자가 면역질환인 류마티스 관절염과 나이가 들어감에 따라 발생하는 퇴행성 관절질환인 골관절염이 있다.

• 주요 원인

골관절염은 관절에 대한 만성적인 자극이나 영양의 결핍에 의해 발생한다. 리트리버 등 대형견종에 다발하는 고관절 이형성증은 선천성 질환이다. 대퇴골의 골두는 골반의 관절낭에 안정적으로 결합되어 있어야 하는데 고관절 이형성증의 개들은 관절낭이 얕고 골두는 편평하여 불안정한 관절을 만들어 관절염을 유발시킨다.

• 도움이 되는 에센셜 오일

라벤더, 레몬그라스, 마조람, 멀, 바질, 베티베르, 주니퍼 베리, 진저, 페퍼민트, 프랑킨센스, 헬리크리섬, 히솝

(3) 추간판 디스크 탈출증(Intervertebral Disk Disease)

• 개념

추간판 디스크 탈출증은 보통 디스크라고 불리는 추간판이 탈출하는 것을 말한다. 추간판이 탈출하면서 척수나 신경을 압박하여 극심한 통증을 유발하고 심한 경우 통증 부위 아래쪽의 신경이 마비되는 증상을 보인다. 닥스훈트나 페키니즈 같은 품종에서 자주 발생한다.

• 주요 원인

영양 불량, 자가면역질환 등

• 도움이 되는 에센셜 오일

넛멕, 라벤더, 레몬그라스, 마조람, 주니퍼 베리, 카모마일 로만, 페퍼민트, 헬리크리섬

(4) 슬개골 탈구(Patella Luxation)

• 개념

슬개골 탈구는 대퇴골의 끝부분에 위치하고 있는 슬개골이 슬개골이 활차골짜기를 벗어나면서 발생하는 통증으로 인해 다리를 저는 증상을 주된 증상으로 하며, 슬개골의 안정화를 위해서는 수술을 받아야 한다.

슬개골 탈구 증상은 4단계로 나눌 수 있다.

- 1기: 증상이 거의 없거나 간혹 다리를 전다.
- 2기: 뒷다리를 저는 빈도수가 잦아진다.
- 3기: 뒷다리가 안쪽으로 휘어져 있고 근육이 적어진다.
- 4기: 완전히 탈구된 상태로 무릎을 구부린 상태에서 걷는다.

• 주요 원인

발육 이상, 유전 등

• 도움이 되는 에센셜 오일

라벤더, 레몬그라스, 마조람, 페퍼민트, 프랑킨센스, 헬리크리섬

(5) 탈장(Hernia)

• 개념

탈장은 복막 또는 근육의 약한 틈을 타고 내부 장기가 튀어나온 것을 말한다. 주로 배꼽이나 회음부에 많이 생기고 간혹 직장이나 횡격막에도 발생하며 내부 장기를 밀어 넣었을 때 복부로 다시 들어가는 환납성과 들어가지 않는 비환납성이 있다. 심한 경우 복통, 쇼크, 중독증상, 화농성 복막염 등의 전신증상을 수반하면 예후가 불량할 수 있다. 탈장 내용이 장관일 경우는 식욕절폐, 구토, 탈수 및 전해질 이상 등의 장폐색 증상을 나타낸다.

• 주요 원인

출생 시 탯줄을 짧게 자른 경우, 선천적 근막의 약화 등

• 도움이 되는 에센셜 오일

라벤더, 레몬그라스, 마조람, 주니퍼 베리, 카모마일 로만, 헬리크리섬

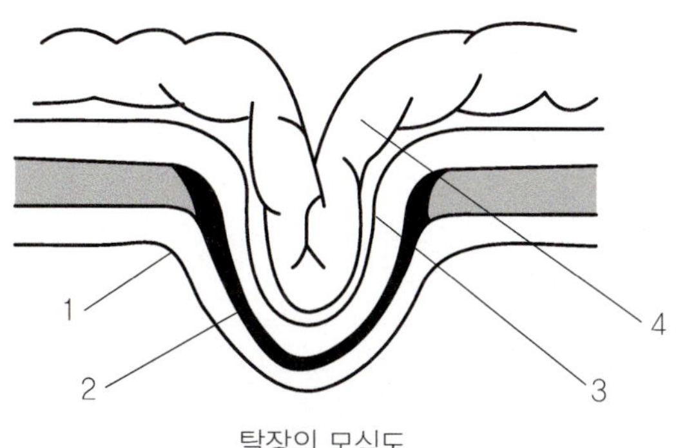

탈장의 모식도
1. 피부 2. 내낭 3. 복막(탈장주머니) 4. 소장(탈장 내용)
——— 탈장문 (탈장문 주변을 탈장륜이라고 한다)

바. 안과 질환

눈은 외부 환경을 인식하는 주요한 감각기관으로 눈에 발생하는 문제는 외부의 자극에 의한 손상인 경우가 많고, 시력 손상이 발생한 경우 해당 원인이 오랫동안 누적되어 생긴 결과인 경우가 많다.

눈꺼풀이라고도 불리는 안검은 각막을 보호하기 위하여 수분을 보유하고 방어막 역할을 한다. 각막은 혈관이 없어서 공막으로부터 영양분과 수분을 공급받는데 이를 원활히 하기 위해 눈을 규칙적으로 깜박거린다. 또, 각막에 적절한 수분과 영양이 공급되지 않는 경우에는 궤양이 생긴다.

(1) 결막염 (Conjunctivitis)

• 개념

결막염은 안검의 내면과 안구의 표면을 싸고 있는 투명한 얇은 막인 결막에 어떤 주요 원인에 의해 이 부위에 염증이 발생한 것을 말한다. 결막염이 발생하면 평소보다 많은 양의 눈물과 눈꼽이 생기고 결막의 혈관은 충혈되고, 통증으로 인해 눈을 자주 깜빡거리거나 잘 뜨지 못한다.

• 주요 원인

홍역 및 전염성 바이러스, 세균, 진균, 기생충 등에 의한 감염, 먼지나 털과 같은 이물에 의한 자극, 알레르기, 천포창과 같이 자가면역 질환 등

• 도움이 되는 에센셜 오일

카모마일 로만, 카모마일 저먼

(2) 건성 각결막염(Keratoconjunctivitis)

• 개념

각막에 수분과 영양분이 충분히 공급되지 못하면서 만성적인 궤양이 발생하는 상태를 건성각결막염이라고 한다. 각막은 혈관이 없기 때문에 주변 조직에서 눈물을 공급받아 습도를 유지한다. 그런데 각막을 적셔줄 수분과 영양분을 공급받지 못하는 경우 각막은 불투명해지고 시간이 지나면서 만성적인 궤양이 생긴다. 면역계의 이상으로 발생하는 경우가 많기 때문에 면역억제제를 사용하면 증상이 개선되는 경우가 많다. 안구의 건조를 막기 위해 수시로 인공눈물로 세정해주며, 타액선을 눈물선으로 이식하는 수술을 통해 증상을 개선시키기도 한다.

• 주요 원인

건성 각결막염은 면역계의 이상으로 인하여 눈물량이 정상보다 현저히 떨어질 때 발생

• 도움이 되는 에센셜 오일

라벤더, 헬리크리섬

(3) 각막궤양(Keratohelcosis)

• 개념

각막궤양은 어떤 주요 원인에 의해 각막조직의 결손을 수반하는 각막염을 말한다. 각막궤양이 발생한 경우 적절한 조치를 취하지 않으면 실명할 수도 있기 때문에 동물병원에 데려가 적절한 조치를 취해주어야 한다. 각막에 궤양이 생긴 상태에 스테로이드가 첨가된

사람용 안약을 함부로 사용하면 안 된다. 각막궤양은 뒷발로 긁거나 외부의 창상에 의해 발생하는 경우가 많으며, 각막궤양이 심한 경우 더 이상의 손상을 방지하기 위하여 각막이 회복되는 기간 동안 안검을 봉합해두기도 한다.

• 주요 원인

외부 자극에 의한 상처, 바이러스, 세균, 진균의 감염, 영양불량(비타민 A의 결핍 등), 에스트로겐 결핍, 스테로이드제 오용 등

• 도움이 되는 에센셜 오일

라벤더, 프랑킨센스, 헬리크리섬

(4) 백내장 (Cataract)

• 개념

백내장은 수정체가 혼탁되어 외관상 수정체가 하얗게 보이는 것을 말한다. 백내장이 발생하여 수정체가 혼탁해지면 빛이 잘 투과되지 않기 때문에 시력 장애를 보이게 된다. 시력 장애의 정도는 백내장의 진행 정도에 따라 다르며, 심하지 않은 경우 보는 것에는 장애가 없지만 백내장이 진행되면 어두운 밤에는 잘 움직이지 않으려고 한다. 백내장은 선천적으로 발생하는 경우도 있는데, 어린 동물에게 발생하는 경우는 대부분 유전적인 요인이 크게 작용한다.

수정체가 혼탁해지는 백내장은 치료가 가능하고 치료해야 하지만, 수정체가 딱딱해지는 핵경화는 외관상 백내장과 비슷해 보이나 노화로 인한 변화이기 때문에 자연스러운 과정이며 반드시 치료해야 하는 것이 아니다.

• 주요 원인

영양결핍(비타민, 필수아미노산 등), 노화, 유전, 당뇨병 합병증 등

• 도움이 되는 에센셜 오일

라벤더, 헬리크리섬

(5) 녹내장(Glaucoma)

• 개념

녹내장은 안내압이 지나치게 높아진 상태를 말한다. 안내압은 안방수에 의해서 유지되는데 안방수의 생산이나 순환에 문제가 생기면 안압이 높아지면서 녹내장으로 진행된다. 안압이 높아진 안구는 외관상으로 눈이 튀어나와 보이고 전안방이 녹색으로 보인다. 녹내장이 발생하면 높아진 안압으로 인해 눈의 통증을 느끼게 되고 발적이 되며 시간이 흐르면

서 시신경을 손상시켜 시력을 잃게 된다. 바셋하운드와 같은 종에서는 선천성 우각의 이상으로 녹내장이 선천적으로 발생하기도 한다.

• 주요 원인

안압 조절 기능의 상실, 안과 질병, 수정체의 위치 변화, 초자체 탈출, 홍채의 유착, 백내장 수술 후유증 등

• 도움이 되는 에센셜 오일

라벤더, 헬리크리섬

(6) 유루증 (Epophora)

• 개념

유루증은 눈물이 안구를 적신 후 공기 중으로 증발하거나 누관으로 빠져나가지 않고, 눈꺼풀 밖으로 흘러넘치는 증세를 말한다. 유루증이 생기면 시간이 지나면서 눈 주위가 갈색으로 변하고 냄새가 나게 된다. 선천적인 유루증의 경우 눈물이 빠져나가는 누점이 폐쇄되어 있거나 결막의 추벽이 누점을 감싸고 있는 경우이다. 그리고 후천적인 경우는 눈꺼풀이나 결막염으로 인한 상처 회복 후 누점을 폐쇄시킨 경우와 누관이 염증이나 이물로 막혀 있는 경우이다.

• 주요 원인

누점의 폐쇄, 누관 염증, 누관 막힘 등

• 도움이 되는 에센셜 오일

라벤더, 주니퍼 베리, 카모마일 저먼, 헬리크리섬

사. 호르몬 질환

호르몬(hormone)은 여러 내분비기관에서 만들어진 화학물질로 혈관을 타고 신체의 각 기관으로 운반되어 표적기관에 작용하면서 각각의 호르몬이 지닌 기능을 발휘하게 된다. 뇌하수체호르몬, 성장호르몬, 갑상선호르몬, 인슐린, 글루카곤, 부신피질호르몬, 성호르몬, 항이뇨호르몬 등 여러 호르몬이 있다. 호르몬은 물질대사와 생식, 세포의 증식 등 다양한 작용을 주도한다. 혈액을 타고 이동하는 것이 아닌 신체 밖으로 분비되어 다른 개체에게 영향을 주는 페로몬도 호르몬의 일종이다.

(1) 당뇨병(Diabetes)

• 개념

당뇨병은 대사질환 중 하나로, 췌장염이나 종양 등으로 인하여 인슐린을 분비하는 랑게르한스섬이 파괴되어 인슐린의 분비량이 저하됨으로써 발생한다. 음식물에서 섭취한 영양은 신체에서 당으로 바뀌어 혈액을 통해 이동해서 뇌나 근육과 같이 필요한 장기의 에너지원으로 사용된다. 섭취한 영양에서 얻은 당은 지방세포에 저장 해놓고 필요할 때 사용하는데 인슐린은 당을 저장하는 역할을 한다. 이때 인슐린이 제대로 기능 하지 않는 경우 혈액 내의 당수치(정상 혈당: 70~120mg/dl)가 올라가고 이것이 진행되면 오줌으로 당이 나오는 당뇨병이 된다.

당뇨병에 걸리면 초기에는 증상이 나타나지 않지만 차츰 물을 많이 마시고 오줌을 많이 누며 조금씩 말라간다. 또 당뇨병성 백내장이 오는 경우도 있고 혈액내의 높은 당 농도로 인하여 혈액순환에 장애가 생기면서 케톤증과 급성신부전이 발생하기도 한다. 식이를 조절하고 매일 적당한 운동을 하는 것이 좋으며 상태에 따라 인슐린제를 사용하여 혈당을 관리한다.

• 주요 원인

인슐린 분비의 감소, 인슐린 기능 저하, 과식, 운동 부족, 과도한 스트레스 등

• 도움이 되는 에센셜 오일

멀, 일랑일랑, 제라늄, 파인

(2) 쿠싱증후군(Cushing's Syndrome)

• 개념

쿠싱증후군은 부신피질이 종양이나 비대 등의 원인으로 인하여 부신피질호르몬이 과도하게 분비되는 질병을 말한다. 부신피질호르몬은 단백질의 분해와 포도당의 대사를 촉진시

키는 호르몬이다. 오줌을 많이 누고 물도 많이 마신다. 많은 경우 먹이를 많이 먹으며 간의 종대와 복근의 허약으로 인해 복부가 팽대된다. 또 특징적으로 몸의 양쪽이 대칭적으로 털이 빠지며, 피부는 얇아지고 시간이 지나면 피하에 칼슘이 침착되기도 한다.

• 주요 원인

양측성 부신피질비대에 의해 유발된 경우 뇌하수체 전엽의 ACTH(부신피질자극호르몬) 분비 세포 종양이 있는 경우, 중추신경계 기능 이상으로 부신피질의 양측성 미만성 증식에 의한 경우, 부신피질의 종양으로 인한 경우와 장기간 코르티코이드를 투약한 경우 등

• 도움이 되는 에센셜 오일

멀, 제라늄, 주니퍼 베리, 클라리 세이지, 페퍼민트, 프랑킨센스, 헬리크리섬

아. 피부 질환

피부는 외부세계로부터 방어막 역할을 한다. 피부의 분비 선(腺, gland)은 피부를 자극하는 외부의 화학물질로부터 몸을 보호하는 분비물을 분비하며, 털은 외부로부터 충격을 완화시켜주고 체온을 보호해주는 역할을 한다.

또 홀리스틱적인 관점에서 피부는 주요 장기에서 가장 멀리 떨어진 장기로 신체 내부의 주요 장기를 보호하기 위하여 위험요소들을 가두어 두는 '쓰레기 처리장' 역할을 한다. 귀는 피부의 한 부분이기 때문에 같은 범주이다. 귀나 피부의 질병은 귀나 피부의 문제로 한정되는 것이 아니라 신체 전체의 문제에 의해 파생된 증상이라는 시각에서 접근이 필요하다.

(1) 아토피(Atopy)

• 개념

아토피는 외부에서 유입된 항원에 의하여 발생하는 알레르기 반응 중 유전적인 요인이 있다고 생각되는 알레르기 반응을 말한다. 아토피의 증상으로는 아토피성 피부염, 알레르기성 결막염, 알레르기성 비염 그리고 천식이 있다.

아토피성 피부염은 가려움증을 주된 증상으로 시작하여 피부의 발적과 시간이 경과하면서 화농성 병변 또는 지루성 병변이 생기고 멜라닌 색소가 과다하게 침착되거나 피부가 코끼리 껍질처럼 두껍게 태선화된다. 생후 2~3살에 증상이 나타나기 시작하며 발가락 사이, 눈 주위, 겨드랑이, 외음부, 외이도 등에서 잘 발생한다.

• 주요 원인

아토피를 유발시킬 수 있는 요인으로는 다음과 같은 것들이 있다.

분류	종류	
알레르겐	흡입알레르겐	꽃가루, 집먼지진드기, 바퀴벌레 등
	식품알레르겐	우유, 계란, 견과류, 해산물, 밀 등
	기타	곤충(개미, 벌), 약물, 라텍스 등
공기오염물질	실외오염물질	미세먼지, 오존, 질소산화물, 황화산화물 등
	실내오염물질	미세먼지, 휘발성유기화합물, 폼알데하이드 등
미생물	부유세균, 진균 등	
화학물질	살균제, 방향족 아민, 염료, 금속, 보존제, 방향제, 시멘트, 라놀린 등	
기타	온도, 습도 등	

• 도움이 되는 에센셜 오일

라벤더, 바질, 시더우드, 주니퍼 베리, 카모마일 로만, 카모마일 저먼, 티트리

(2) 지루성 피부염 (Seborrhoeic dermatitis; Seborrhoea)

• 개념

지루성 피부염은 여러 주요 원인들로 인하여 과도하게 지루가 분비되는 피부병을 말한다.

• 주요 원인

일차성 지루성 피부염의 주요 원인은 갑상선 기능저하증, 부신피질 기능항진증, 생식선 기능 이상, 성장호르몬 결핍 및 당뇨병 등과 같은 내분비장애의 경우와 비타민 A, 아연의 결핍, 지방 소화불량 및 지방대사의 이상과 같은 지질대사의 이상 등

이차성 지루성 피부염의 주요 원인은 진드기, 모낭충, 개선충과 같은 외부기생충과 내부기생충, 세균성, 알레르기, 아토피성 피부염, 피부 진균증

• 도움이 되는 에센셜 오일

그레이프프룻, 라벤더, 레몬, 멀, 베티베르, 제라늄, 패출리, 시더우드

(3) 접촉자극성 피부염 (Contact irritant dermatitis)

• 개념

접촉자극성 피부염은 개의 피부를 자극하는 원인체에 접촉하면서 발생하는 피부염을 말한다. 개의 피부가 외부의 자극에 예민한 반응을 하게 되는 것은 개의 피부가 윤택하지 않고 면역력이 많이 저하된 상태이기 때문이다. 그러므로 피부와 관련된 문제가 발생하였을 때에는 개의 피부 면역을 저하시킬 수 있는 다양한 요인들을 제거해주어야 하며 동시에 면역력을 증가시켜 줄 수 있는 방법을 모색해야 한다. 외부의 자극요인과 함께 개의

피부 상태에 대한 고려가 또한 병행이 되어야 한다. 피부가 건조하고 피부 면역이 저하된 개는 외부의 사소한 자극에도 과도한 반응을 보이게 된다.

• 주요 원인

세제, 소독제, 도금된 목걸이, 화분, 화학섬유, 피혁, 약제, 미용 등

• 도움이 되는 에센셜 오일

라벤더, 바질, 시더우드, 카모마일 로만, 카모마일 저먼, 티트리

(4) 호르몬성 피부염(Hormonal Dermatitis)

• 개념

호르몬성 피부병은 갑상선이나 부신피질 호르몬과 같이 피부와 털의 성장을 조절하는 호르몬의 분비에 문제가 발생하여 생기는 피부병 증상을 말한다. 호르몬 분비의 이상으로 발생하는 피부병의 특징적인 증상은 척추를 중심으로 털이 대칭적으로 빠지는 것이다. 이를 흔히 대칭성 탈모라고 한다.

호르몬 분비와 관련된 피부병은 피부증상과 호르몬의 기능관련 증상도 나타난다. 갑상선 기능 저하증은 몸의 대사를 촉진하는 기능이 저하되면서 기력저하, 비만, 몸놀림의 둔화, 식욕 항진과 같은 증상이 나타난다. 부신피질 기능 항진증은 물을 많이 먹고 오줌을 많이 누며 사료를 많이 먹는다. 간이 커지고 복부에 지방이 침착되어 복부가 커지며 피부의 두께가 얇아지고 근육도 위축되는 증상을 보인다.

호르몬성 피부병의 주요 원인은 호르몬 분비 조직에 종양이 생겨서 분비에 문제가 생겼거나 스테로이드를 장기간 투여했거나 하는 등 여러 가지 주요 원인에 의해서 발생하므로 그 주요 원인을 찾아내어 호르몬 분비량을 정상화시키는 적절한 치료를 해주어야 한다.

• 주요 원인

갑상선기능 저하증, 부신피질 기능 항진증(쿠싱증후군) 등

• 도움이 되는 에센셜 오일

제라늄

(5) 피부사상균증 (Dematophytosis; Ring worm)

• 개념

피부사상균증은 개나 고양이의 피부에 사상균이 감염된 상태를 말한다. 피부사상균증은 피부사상균에 속하는 진균이 표피각질층이나 피모, 손톱 등에 감염되어 야기하는 피부표층의 질병이다. 사상균이 감염되는 경우 털이 끊어지면서 피부 병변이 동그란 형태로 털

이 빠지기 때문에 링웜(ring worm)이라고도 불린다.

• 주요 원인

개 소포자균(Microsporum canis), 석고상 소포자균(M. gypseum), 모창백선균(Trichophyton mentagrophytes) 등

• 도움이 되는 에센셜 오일

라벤더, 레몬그라스, 로즈마리, 마조람, 멀, 버가못, 시더우드, 유칼립투스 라디에타, 제라늄, 티트리, 패출리

(6) 모낭충증 (Demodectic mange)

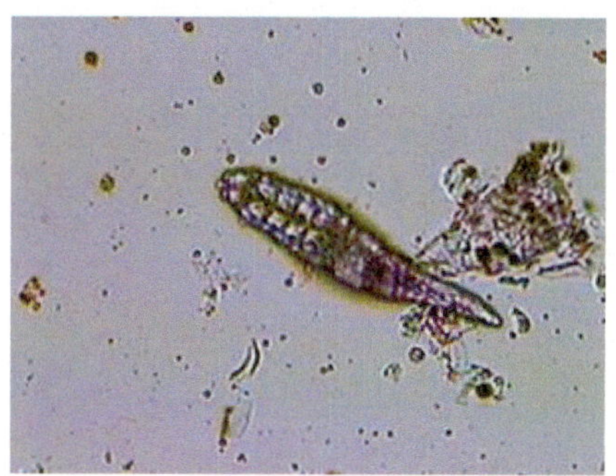

모낭충

• 개념

모낭충증은 개의 모낭에 기생하는 모낭충(Demodex canis)이 과다하게 증식되어 발생한 피부염 증상을 말한다. 모낭충증은 피부증상이 없는 정상적인 개에서도 발견되지만 면역세포인 T세포가 억제되면서 모낭충이 과도하게 증식되는 면역부전에 의한 질병이다. 직접 또는 간접접촉에 의해 어린 개는 포유 시 감염될 수 있고, 피모의 발육이 끝난 후에는 모낭충에 감염된 다른 개와 접촉이 있어도 감염되는 경우는 적은 것으로 알려져 있다. 소양감은 거의 없으나 농포형은 환부의 모포가 감염을 받아 농포를 형성한다.

• 주요 원인

모낭충의 과다한 증식, 개체의 면역 부전 등

• 도움이 되는 에센셜 오일

라벤더, 시트로넬라, 제라늄, 헬리크리섬

(7) 개선충증 (Scabies; Sarcoptic mange)

개선충

• 개념

개선충증은 진드기의 일종인 개선충(Sarcoptic scabiei var. canis)의 감염에 의해 나타나는 전염성 피부병을 말한다. 심한 소양감과 습진과 같은 병변을 수반하는 것이 특징이며 사람에게도 감염되어 소양감을 수반하는 빨간 반점을 일으킨다. 개선충증에 걸린 개와 접촉하면서 발생하며 예전에는 비위생적인 번식장에서 분양받은 강아지들이 흔히 감염되어 있었으나 최근에는 많이 감소된 상태이다. 증상이 잘 나타나는 부위는 사지말단, 얼굴 등이며 특히 귀 끝에 증상이 심각하게 나타난다.

• 주요 원인

개선충에 의한 피부 감염

• 도움이 되는 에센셜 오일

라벤더, 레몬, 버가못, 티트리, 프랑킨센스

(8) 외이염(Otitis externa)

• 개념

외이염은 외이도에 염증과 가려움증을 주증상으로 하는 질환을 말한다. 증상이 나타난 개는 귀 바깥 부분에 염증이 생겨서 붉고 냄새가 심하게 나며 가려움증으로 귀 부분을 긁는다. 때로 염증성 분비물이 다량 발생하기도 하며 만성화되는 경우 이외도가 두꺼워지고 딱딱해지며 폐쇄된다.

치료적인 관점에서는 귀는 피부의 확장된 부분이기 때문에 피부염과 같은 시각에서 접근하는 것이 도움이 된다. 귓바퀴가 늘어져 있는 코카스파니엘과 같은 종류에서는 외이도가 습해지면서 다발하는 경향이 있다.

• 주요 원인

황색포도상구균, 슈도모나스 등의 세균, 진균의 이차감염, 귀 진드기의 기생 등

• 도움이 되는 에센셜 오일

라벤더, 레몬그라스, 제라늄, 카모마일 저먼, 티트리, 헬리크리섬

(9) 귀 진드기 감염증(Ear mite Infection)

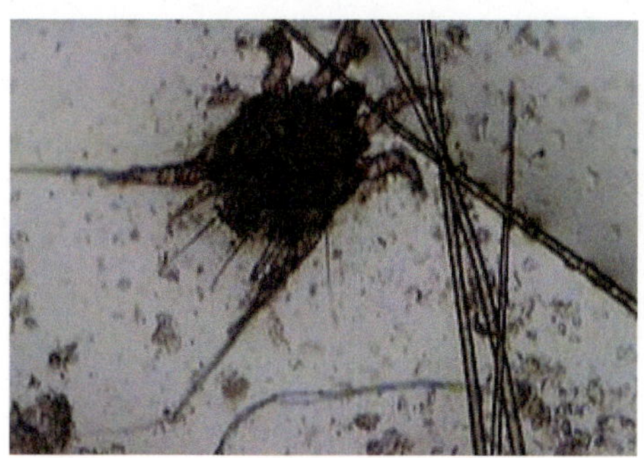

귀 진드기

• 개념

귀 진드기 감염증은 귀에 기생하는 귀 진드기(Otodectes cynotis)에 의해서 가려움증과 염증이 발생한 상태를 말한다. 귀 진드기는 다른 동물로부터 옮게 되며 번식장에서 분양받은 강아지들이 흔히 감염되어 있다. 길거리의 고양이들도 감염된 경우가 많으며 고양이의 경우 과도한 반응이 일어나 외이도가 적갈색의 분비물로 가득 차게 된다.

• 주요 원인

귀 진드기

• 도움이 되는 에센셜 오일

라벤더, 카모마일 저먼, 타임, 제라늄

3. 개를 위한 DIY

인간과 동물은 스스로를 치유하고자 하는 자연치유력을 가지고 있다. 하지만 오늘날 우리 주위에 범람하는 화학물질로부터 건강을 지킨다는 것은 쉽지 않은 일이다. 건강에 해로운 유해물질의 증가로 면역력이 떨어지고 알러지 등 각종 질환이 늘어나고 있어, 심신의 건강을 되찾고 항상성을 유지하기 위해 아로마테라피와 약초를 이용한 자연치유방법에 대한 관심이 높아지고 있다.

이 장에서는 향과 화학제품에 민감한 반려동물과 반려인들의 향기롭고 건강한 삶을 위해서 에센셜 오일, 약초 등 신선한 천연재료로 안심하고 쓸 수 있는 비누, 에센스, 연고 등 웰빙아로마생활용품을 만드는 방법을 소개 한다.

반려동물과 나를 위해 직접 만드는 천연 웰빙아로마용품의 재료는 테라피 등급의 오일과 신선한 재료를 사용하도록 한다.

가. 탈취제

탈취제는 반려동물을 집안에서 키우는 가정에서는 꼭 필요한 용품이다. 시중 판매되는 탈취제는 합성 향료를 사용한 제품들로 피하는 것이 좋다. 에센셜 오일을 넣은 탈취제는 살균과 냄새제거 효과뿐만 아니라 반려동물의 건강증진에도 도움이 될 수 있다.

	만드는 법	비고 (Tip)
	재료: 증류수 70㎖, 허브 10g (로즈마리, 라벤더 등), 에센셜 오일 20방울, 식초 30㎖, 베이킹 소다 10g, 올리브 리퀴드 2g, 100㎖ 스프레이 병	에센셜 오일은 총량의 1%로 블렌딩 한다.
	1. 베이킹 소다와 식초를 섞는다.	베이킹 소다는 식초와 반응하여 녹는다. 다 녹지 않은 베이킹 소다는 버리고 녹은 식초물만 사용한다.

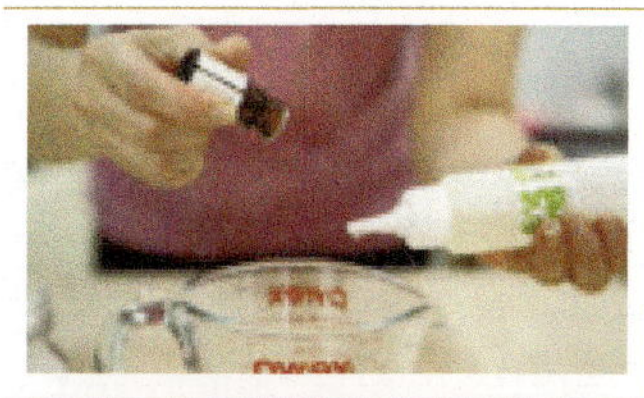	2. 올리브 리퀴드와 에센셜 오일을 섞는다.	
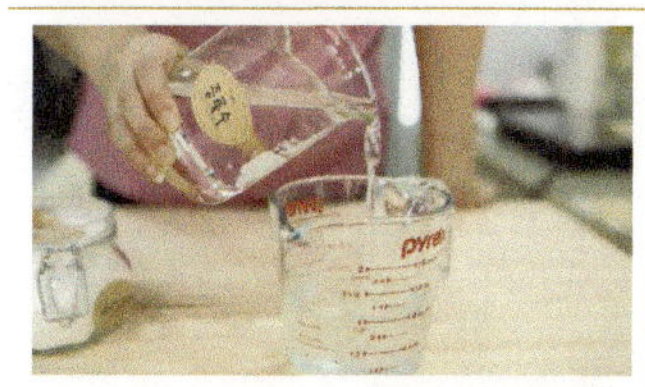	3. 1번과 2번을 섞은 후 증류수를 넣는다.	
	4. 준비된 스프레이 병에 옮겨 담고 허브를 넣는다.	허브를 미리 식초나 알코올에 팅쳐 시켜두면 더욱 진한 향기가 우러난다.
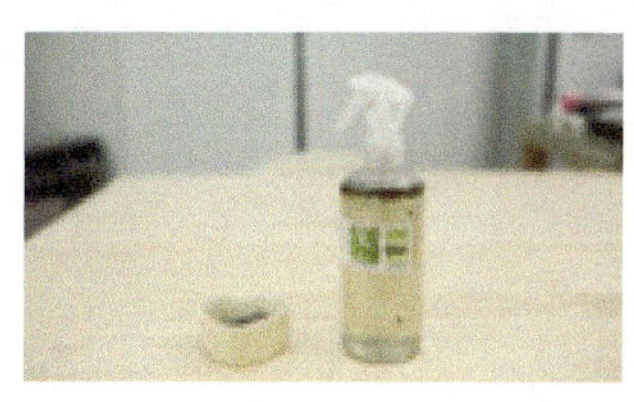	5. 완성	시간이 지나면 허브의 향과 색이 쉽게 우러나 편리하고 안전한 탈취제가 완성된다. 스프레이에 허브가 끼는 것을 방지해 주기 위해 망에 걸러주면 사용하기 편리하다.

사용하면 도움이 되는 에센셜 오일

- 진정 이완 – 라벤더, 카모마일 로만, 프랑킨센스
- 벌레 퇴치 – 레몬그라스, 로즈마리, 진저

나. 동백비누

반려동물의 피부 질환은 꾸준히 증가하고 있는 추세이다. 원인은 질병관련 문제인 경우도 있지만, 방부제, 화학 첨가물이 들어간 사료, 저급 간식, 자극적인 합성 샴푸, 잦은 목욕으로 인한 피부 자극인 경우가 많다. 동백비누는 보습과 진정효과가 뛰어나고 자극이 없고 부드러운 비누로 아토피에 많이 사용하며 반려동물에도 적합한 비누이다. 특히 단모종의 반려동물이나 피부질환으로 인해 털을 짧게 미용한 반려동물의 경우 동백비누를 사용하면 따로 린스를 사용하지 않아도 뻣뻣한 느낌 없이 부드럽다.

	만드는 법	비고 (TIP)
	재료: 동백오일 700g 가성소다 92g, 증류수 215g, 에센셜 오일 10mℓ(200 방울), 장갑, 마스크, 비누틀	에센셜 오일은 총량의 1%로 블랜딩 한다. 비누를 만들 때 에센셜 오일이 10mℓ(1%)가 첨가된다 해도 숙성과정에서 많은 에센셜 오일이 휘발되기 때문에 반려동물이 사용하기에 무리가 없다.
	1. 가성소다를 계량한다. 2. 증류수를 계량한다.	가성소다와 증류수는 꼭 각각 다른 용기에 따로 계량한다. 가성소다를 다룰 때는 마스크와 장갑을 사용한다.
	3. 계량된 2의 증류수에 1의 가성소다를 천천히 부으면서 녹인다. 이때 온도가 100℃ 이상 올라가므로 화상에 주의한다. 비누를 만들기 위해 혼합물의 온도를 40℃까지 떨어뜨려 준다.	순서를 바꾸어 가성소다에 물을 부으면 폭발의 위험이 있으므로 반드시 증류수에 가성소다를 천천히 붓는다. 이때 반드시 환기가 잘되는 곳에서 섞는다.
	4. 가성소다수의 온도가 떨어질 동안 동백오일을 계량하여 온도를 40℃가 될 때까지 핫플레이트에 올려 데운다	
	5. 온도가 맞추어진 동백오일에 3번 가성소다수를 넣으며 블렌더로 천천히 섞는다.	

	6. 동백오일과 물이 섞여 완전한 크림 형태가 될 때까지 섞는다.	동백오일만으로 비누를 만들 때는 잘 섞이지 않기 때문에 블렌더를 충분히 사용하여 트레이스 상태를 확인한다.
	* 트레이스(trace)상태: 주걱으로 비누용액의 표면을 살짝 대었을 때 흔적이 남는 상태로 걸죽한 반죽상태를 말하는데, 지방산과 알칼리의 교반이 이루어져 비누로 바뀌는 시점	
	7. 트레이스가 충분히 난 후에 에센셜 오일을 넣어 잘 섞이도록 젓는다. 이때 블렌더 사용으로 인한 거품을 완전히 제거한다.	
	8. 완성된 후 비누를 틀에 넣는다.	비누틀이 없을 경우 우유팩을 깨끗이 씻어 말린 후 비누틀 대신으로 사용할 수 있다.
	9. 비누틀에 넣은 비누는 스티로폼박스 등을 이용하여 40℃ 정도의 온도로 7일간 보관한다.	일반적으로 저온법으로 만드는 비누는 1~3일 정도 보온기간을 가져야 하지만 동백비누는 다른 저온법으로 만든 비누보다 경도가 약하므로 용기 안에서 충분히 보온시간을 가진 후 완전히 굳어지면 꺼내는 것이 좋다.
	10. 완성된 비누는 적당한 크기로 잘라 그늘지고 바람이 잘 통하는 시원한 곳에서 2달 이상 숙성시킨 후 사용한다.	동백비누는 일반 저온법 비누보다 경도가 약하고 습기에 취약하기 때문에 숙성기간을 길게 잡고 사용 후에도 건조하게 보관하는 것이 좋다.

사용하면 도움이 되는 에센셜 오일

- 진정, 이완 – 라벤더, 제라늄, 카모마일 로만, 프랑킨센스
- 아토피 및 피부질환 – 라벤더, 카모마일 로만, 카모마일 저먼, 프랑킨센스, 헬리크리섬
- 비듬 – 레몬, 로즈마리, 일랑일랑, 카모마일 로만, 카모마일 저먼, 티트리
- 모질개선 – 로즈마리, 베티베르, 일랑일랑
- 이, 벼룩퇴치 – 레몬그라스, 로즈마리, 멀, 제라늄

올리브카스틸 비누 레시피

재료: 올리브 오일 700g,
증류수 225g,
가성소다 90g
에센셜 오일 10㎖(200 방울)

올리브카스틸 비누는 신생아, 영유아의 피부에도 사용하기 적당하며 피부가 건조해서 생기는 피부질환이나 민감하고 진정이 필요한 피부 질환에도 도움이 된다. 만드는 방법은 동백비누와 같다.

다. 목욕소금

천연소금은 미네랄을 많이 포함하고 있어 해독 작용, 노폐물 배출과 살균 효과가 있어 반려동물의 피부 질환에 효과가 있으며, 특히 알레르기성 피부염에 도움이 된다.

	만드는 법	비고 (TIP)
	재료: 유황소금 100g 또는 크리스탈 소금 100g, 에센셜 오일[0.5%] 10방울 밀폐용기	사용 시 물 1L에 1g씩 덜어서 목욕물에 풀어서 사용한다.
	1. 용기에 유황소금을 넣은 후 에센셜 오일을 넣어 잘 섞는다.	
	2. 용기에 담아 보관하며 적당히 덜어 사용한다.	

사용하면 도움이 되는 에센셜 오일

- 피부진정 – 라벤더, 제라늄, 카모마일 로만
- 피부 가려움 및 질환 – 라벤더, 카모마일 로만, 카모마일 저먼, 프랑킨센스, 헬리크리섬

라. 바스피즈

바스피즈는 목욕 시 에센셜 오일을 활용할 수 있는 쉬운 방법으로, 경수를 연수로 바꾸어 주는 역할을 하며 입욕 시 사용하면 반려동물의 피부가 부드러워지고 비듬을 예방하는 효과가 있다.

	만드는 법	비고 (TIP)
	재료: 중조(탄산수소나트륨) 60g, 구연산 26g, 옥수수전분 15g, 녹차가루 2g, 글리세린 2g, 에센셜 오일[0.25%] 5방울, 밀폐용기	
	1. 중조, 구연산, 옥수수 전분, 녹차가루를 계량한다.	
	2. 에센셜 오일과 글리세린을 넣는다.	
	3. 손에 장갑을 낀 상태로 에센셜 오일과 글리세린이 잘 섞이도록 비벼서 섞는다.	피부에 에센셜 오일이 직접 닿으면 자극이 될 수 있으므로 반드시 장갑을 착용한다.
	4. 완성된 후 병에 넣고 목욕 시 덜어서 사용한다.	입욕 시 적당한 에센셜 오일의 양은 1~2방울 정도가 적당하므로 100g을 만들었다면 4-5회에 걸쳐 나누어 사용한다.
	글리세린이 함유되어 있어 밀폐용기에 보관 중에 굳을 수 있으나 그대로 사용해도 된다.	

사용하면 도움이 되는 에센셜 오일

- 우울감 긴장완화 – 프랑킨센스, 멀, 그레이프프룻
- 방충 – 카모마일 로먼, 마조람, 제라늄
- 모질개선 – 시더우드, 로즈마리, 일랑일랑

마. 발바닥 젤

산책을 자주 하는 반려동물의 경우 발바닥이 건조해지고 갈라지는 경우를 쉽게 볼 수 있다. 특히 산책 후 발을 씻기거나 자주 닦아주게 되면 더 심해진다.

산책 후나 목욕 후에 발바닥에 한 두 방울 씩 발라주면 천연피부 방어막을 생성하여 상처치유와 피부 재생에 도움을 줄 수 있다.

	만드는 법	비고 (TIP)
	재료: 글리세린 2g, 알로에겔 45g, 달맞이 꽃 종자유 1g, 카렌듈라 추출물 1g, 나프리 1g (수용성 항산화제), 낫또모이스트 1g, 에센셜 오일 [0.50%] 5방울 50㎖ 용기 혹은 50㎖ 튜브용기	낫또 모이스트는 리피듀어, 모이스트24 등의 다른 보습제로 대체 가능하며, 카렌듈라 추출물은 상처치유에 도움이 된다.
	1. 알로에겔을 개량한 후 모든 재료를 개량하여 넣는다.	
	2. 계량한 재료를 잘 섞는다.	
	3. 짜주머니를 이용해서 2를 용기에 담는다.	
	5. 완성품은 냉장고에 보관하면 2달까지 사용 가능하다.	

사용하면 도움이 되는 에센셜 오일

라벤더, 멀, 베티베르, 카모마일 로만, 카모마일 저먼, 프랑킨센스, 헬리크리섬

바. 연고

연고는 보관과 휴대가 간편하고 가정에서 쉽게 만들어 사용할 수 있는데 주로 가려움증, 벌레 물린 곳, 통증과 염증 완화를 돕는다. 천연연고는 국소 부위의 적용을 원칙으로 하여 최대 3%(캐리어 오일 10㎖에 에센셜 오일 6방울) 정도까지 에센셜 오일을 블렌딩한다.

	만드는 법	비고 (TIP)
	재료: 캐리어 오일 23g, 밀랍 7g, 에센셜 오일[3%] 18방울 30㎖ 용기	캐리어 오일에는 호호바, 로즈힙, 아보카도, 시어 버터 등을 사용하면 좋다.
	1. 캐리어 오일과 밀랍을 섞는다.	
	2. 밀랍이 녹을 때까지 핫플레이트 위에서 저으면서 녹인다.	
	3. 2의 온도가 40℃ 이하가 될 때까지 식힌 후 에센셜 오일을 넣는다.	온도가 높을 때 에센셜 오일을 넣으면 에센셜 오일이 휘발되어 효과가 떨어진다.
	4. 연고가 굳기 전에 용기에 담는다.	
	5. 용기에 담은 후 완전히 굳으면 사용한다.	

사용하면 도움이 되는 에센셜 오일

- 아토피 및 피부질환 – 라벤더, 카모마일 로만, 카모마일 저먼, 프랑킨센스, 헬리크리섬
- 관절통증 – 마조람, 발레리안 루트, 진저, 카모마일 저먼
- 뾰루지 – 라벤더, 카모마일 저먼, 티트리

사. 크림

반려견용 아로마크림은 반려동물의 피부관리에 다양하게 활용할 수 있다. 아로마크림을 만들어 두고 피부상태에 따라 조금씩 덜어서 보습제나 첨가제를 넣고 잘 섞어서 간편하게 사용할 수 있다. 그러나 방부제를 첨가하지 않기 때문에 반드시 냉장고에 보관해야 하고 2달 안에 사용하는 것을 권한다.

	만드는 법	비고 (TIP)
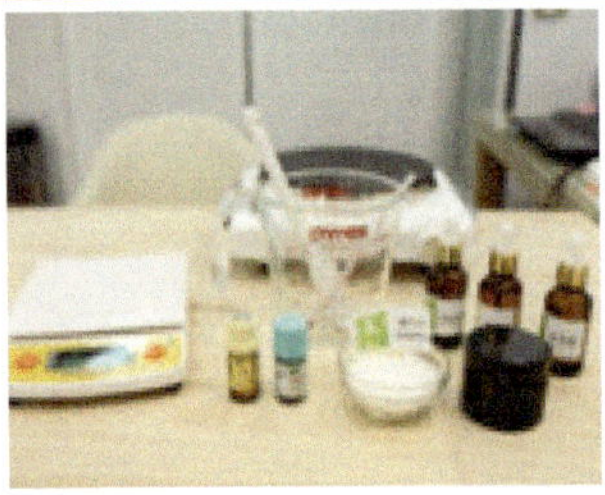	재료: 캐리어 오일 10g, 에센셜 오일[0.30%] 6방울, 증류수 20g, 올리브유화왁스 1.5g, 로즈마리 항산화제 1g, 히알루론산 2g 30㎖ 크림용기 또는 튜브용기	캐리어 오일로 사용 가능한 오일은 호호바오일, 스윗아몬드 오일, 아보카도 오일 등이 있다.
	1. 캐리어 오일과 올리브유화왁스를 계량한다 2. 증류수를 계량한다.	반드시 오일류와 증류수를 따로 계량하도록 한다.
	3. 유상층과 수상층의 온도를 각각 65℃까지 올린다.	온도를 맞추어 올리지 않으면 잘 섞이지 않으며 나중에 오일류와 증류수가 분리되는 경우가 생긴다.
	4. 유상층에 수상층을 넣어 잘 섞은 후 묽은 크림 상태가 될 때까지 계속 젓는다.	
	5. 온도가 40℃ 이하로 떨어지면 에센셜 오일과 로즈마리 항산화제, 히알루론산을 넣고, 완전히 섞이도록 젓는다.	
	6. 완전히 섞인 후 온도가 떨어지면 용기에 담고 필요한 부위에 적당히 발라주고 반드시 냉장고에 보관한다.	

사용하면 도움이 되는 에센셜 오일

- 아토피 및 피부질환 – 라벤더, 카모마일 로만, 카모마일 저먼, 프랑킨센스, 헬리크리섬
- 뾰루지 – 라벤더, 카모마일 저먼, 티트리

아. 귀 세정제

반려동물에서 흔히 나타나는 외이염을 예방하기 위해서는 귀의 청결이 무척 중요하다. 외이염을 예방하기 위해서 주기적으로 귀를 세정해 주어야 하는데 귀는 예민한 부분이므로 에센셜 오일을 직접 사용하기보다는 하이드로졸을 이용하는 것이 좋다. 방부제를 사용하지 않기 때문에 반드시 냉장 보관하여 사용한다.

	만드는 법	비고 (TIP)
	재료: 증류수 30㎖, 티트리 하이드로졸 5㎖, 라벤더 하이드로졸 15㎖, 카모마일 하이드로졸 5㎖, 카렌듈라 추출물 1㎖, 나프리 1㎖ (수용성 항산화제) 뾰족캡 용기	
	1. 준비한 재료를 정확히 계량하여 섞는다.	
	2. 뾰족캡 용기에 넣어 반드시 냉장 보관한다.	반려동물의 귀에 직접 스프레이를 분사하면 반려동물이 놀랄 수 있으므로 반드시 뾰족캡 용기에 넣어 적당량 사용한다.

자. 아로마향초

집에서 나는 반려동물의 냄새를 없애기 위해 대부분 향초를 피우거나 방향제를 뿌린다. 일반 방향제는 석유의 부산물로 만들어지고, 향초의 주재료인 파라핀 역시 석유계 화합물이며, 화학 합성향은 사람 뿐만 아니라 예민한 반려동물의 건강에도 안 좋은 영향을 미친다.

소이왁스로 만든 아로마 향초는 인공향으로 만든 초처럼 향은 강하지 않으나, 냄새를 제거하고 공기를 정화하며 향긋한 천연향으로 심신의 안정을 돕는다.

	만드는 법	비고 (TIP)
	재료: 소이왁스 200g, 에센셜 오일 20㎖(400방울) 용기, 심지, 250㎖ 용기	에센셜 오일은 전체 용량의 7~12% 블렌딩 하는 것이 적당하다.
	1. 준비된 소이왁스를 녹인다.	
	2. 녹인 소이왁스를 식혀서 온도가 40℃ 이하로 떨어지면 에센셜 오일을 넣어 잘 섞는다.	온도가 40℃ 이상이 되면 에센셜 오일이 휘발되기 때문에 온도를 떨어뜨린 후 에센셜 오일을 넣는다.
	3. 심지를 고정시킨 용기에 녹인 왁스를 붓는다.	
	4. 용기에 넣고 남은 왁스는 버리지 말고 작은 용기에 넣어 1회용으로 사용하여도 좋다.	

	5. 용기에 넣고 식힌다. 이때 뚜껑을 닫고 식히면 에센셜 오일이 휘발되는 것을 조금 줄일 수 있다.	

잘 어울리는 향

- 릴렉스 향 – 라벤더, 일랑일랑. 프랑킨센스
- 해피 향 – 로즈, 버가못, 제라늄
- 상쾌한 향 – 유칼립투스, 파인, 프랑킨센스
- 공기정화 – 레몬, 주니퍼 베리, 티트리
- 벌레 퇴치– 레몬그라스, 로즈마리. 멀

차. 샴푸

반려동물의 피부는 인간의 피부보다 약하고 민감하며 중성에 가깝다. 시중에 반려동물용 세정 제품이 다양하게 판매되고 있는데, 이들 제품에 들어 있는 합성계면활성제, 방부제, 인공향, 인공색소 등의 성분이 민감하거나 아토피가 있는 반려동물에게 자극이 될 수 있다. 천연에서 추출되는 천연 계면활성제와 무향의 샴푸 베이스를 이용하여 보다 안전하고 자극이 적은 샴푸를 만들어 보자.

	만드는 법	비고 (TIP)
	재료: 올리브 물비누 25g, 편백워터 115g, 글리세린 50g, 에센셜 오일[0.25%] 12방울, 폴리쿼터 0.5g, 잿탄검 1g, 애플워시 50g, 코코베타인 35g, 디판테놀 5g, 나프리 3g, 300㎖ 펌프 용기	건강한 반려동물에게 일상적으로 사용할 경우 편백워터는 증류수로 대체 가능하다.
	1. 편백워터에 점증제인 폴리쿼터를 넣어 점도가 높아질 때까지 천천히 젓는다.	폴리쿼터는 잘 풀어지지 않으므로 계량을 하여 물에 녹여 한 나절 정도 놓아둔 뒤 중간중간 천천히 저으며 점증시켜 주는게 좋다. 폴리쿼터를 잘 풀지 않으면 피부자극을 일으킬 수 있기 때문이다.
	2. 1번이 풀어지면 40℃까지 온도를 올린다.	
	3. 새 용기에 글리세린과 잿탄검을 계량하여 잘 섞는다.	

	4. 3번에 2번에서 준비한 용액을 넣어 블렌더로 섞는다. 이때 온도는 40℃를 유지해 주는 것이 좋다. 블렌더를 사용하지 않는 경우 물비누에 잰탄검이 충분히 풀어지지 않아서 이물질 같은 것이 떠있게 된다.	
	5. 천연계면활성제인 코코베타인, 올리브물비누, 애플워시를 계량한다.	
	6. 4번과 5번의 용액을 섞는다. 이때 블렌더를 사용하게 되면 거품이 많이 나므로 꼭 주걱을 이용하여 천천히 젓는다.	
	7. 용기에 넣어 사용한다. 반려동물용 샴푸는 비누이지만 희석액이기 때문에 시원한 곳에 보관하거나 조금씩 만들어 2달 안에 사용하는 것이 좋다.	

사용하면 도움이 되는 에센셜 오일

- 진정, 이완 – 라벤더, 제라늄, 카모마일 로만, 프랑킨센스
- 아토피 및 피부질환 – 라벤더, 카모마일 로만, 카모마일 저먼, 프랑킨센스, 헬리크리섬
- 비듬 – 레몬, 로즈마리, 일랑, 카모마일 로만, 티트리
- 모질개선 – 로즈마리, 베티베르, 일랑일랑
- 이, 벼룩퇴치 – 레몬그라스, 로즈마리, 멀, 제라늄

02 동물 [고양이]

1. 고양이

현대사회에서 인간과 개, 고양이 등 반려동물은 자연스럽게 조화를 이루고, 정서적 유대관계를 맺고 교감을 나누며 산다. 사람에게 개와 고양이는 같은 반려동물이지만, 이 둘은 근본적으로 다른 종이고 생활방식, 습성이 다르므로 교육방법도 달라야 한다.

고양이는 개가 아니다. 고양이는 독특하고 감성적인 동물이고 모든 고양이는 각각의 독특한 습성을 가지고 있다. 개는 습관을 교육시키고 쉽게 교감하는 것이 가능하지만 고양이는 습관을 교육시키는 것이 아니고 그들의 습성을 관찰하고 행동언어를 분석하고 이해하는 것이 필요하다. 반려묘는 반려견을 대신하거나 목줄을 매어 산책시키는 반려동물이 아니라는 것을 기억하고, 고양이의 습성과 행동언어를 이해하고 부드러운 적응과정을 통해 교감을 나누며 더불어 살아가야 한다.

2. 고양이의 주된 질병

고양이에게도 다양한 질병들이 발생하지만 이 책에서는 흔히 발생하는 몇 가지 질병만 소개한다.

(1) 갑상선기능항진증(Hyperthyroidism)

갑상선기능이 항진되어 갑상선호르몬이 과다하게 분비되어 다양한 증상을 나타내는 질병이다. 주된 원인은 갑상선종 때문이다. 갑상선호르몬이 과다하게 분비되는 경우 대사가 촉진되어 식욕은 증가하지만 체중은 감소하고 물을 많이 마시고 뇨를 많이 본다. 또 등의 털이 대칭적으로 빠지며 쉽게 흥분하고 맥박이 빨라진다. 9살 이상의 노령 고양이에게 다발한다.

(2) 구토(Vomiting)

고양이는 다양한 원인에 의해서 구토를 할 수 있다. 범백혈구 감소증과 같은 바이러스 감염이나, 상한 음식물을 먹었을 때, 노끈이나 풀을 뜯어 먹고 토하는 경우도 있다. 구토를 하게 된 원인에 따라서 병의 진행은 달라지므로 정확한 원인을 찾아내어 그에 따른 조치를 취해주어야 한다.

(3) 귀 진드기(Ear mite Infection)

고양이의 귀에서 검은 염증물이 나올 때 많은 경우는 귀 진드기(*Otodectes cynotis*) 때문이다. 새끼고양이의 경우 대부분 귀 진드기는 관리가 되지 않은 어미 고양이로부터 옮는다. 길고양이들에게 많은 편이다.

(4) 고양이 백혈병(Feline Leukemia Virus, FeLV)

고양이 백혈병은 레트로바이러스 감염에 의해 발생하며 골수와 면역계를 억압하여 백혈병 증상을 보인다. 고양이 백혈병은 어렸을 때 감염되어 잠복기 상태에 있다가 스트레스나 면역력이 저하될 때 증상이 나타난다. 림프 육종이 가장 흔한 증상이고 섬유육종, 비재생성 빈혈 등이 나타날 수 있다.

(5) 고양이 면역결핍성 바이러스 감염증(Feline Immunodeficiency Virus, FIV)

고양이 면역결핍성 바이러스 감염증은 주로 물린 상처로 렌티바이러스의 감염에 의해 발생하며 사람의 AIDS와 유사한 면역부전증상을 나타낸다. 면역이 저하됨으로써 다양한 증상이 나타나며 만성 구내염, 쇠약, 만성설사, 림프절 종대, 만성발열, 결막염 등의 증상을 보인다.

(6) 만성 구내염(Chronic Stomatitis)

구내염은 구강점막, 혀 및 잇몸에 염증이 있는 것을 말하며 구강내 이물이나 바이러스, 세균, 화학적 자극 등 여러 요인에 의해 발생한다. 구내염이 있는 경우 고양이는 잇몸의 통증으로 음식물을 잘 씹지 못하고 통증을 호소하며 침을 많이 흘린다. 보통의 경우 원인을 제거하면 호전되지만 최근에는 만성적으로 재발하는 구내염이 증가되고 있다. 이는 자기면역성 질환으로 추정하고 있다.

(7) 범백혈구감소증(Feline Panleukopenia, FPL)

범백혈구감소증은 고양이의 전염병 중에 가장 전염력이 강하며 사망률도 높은 질병이다. 파보바이러스의 감염에 의해 나타나며 급격히 활력을 잃고 식욕이 저하되며 구토와 지독한 냄새의 설사를 하게 된다. 감염되면 전염력이 매우 강하므로 다른 고양이와 접촉하지 못하도록 하고 집중적인 치료를 해야 회복가능성을 조금이라도 높일 수 있다.

(8) 변비(Constipation)

변비는 대장 내의 변이 배설되는 시간이 지연되면서 지나치게 수분이 흡수되어 배변을 보기 힘들게 된 상태를 말한다. 변비가 발생되는 주된 원인은 스트레스, 사료의 변화, 대장의 협착, 털이나 골편에 의한 변이 딱딱해진 변화와 같은 것들이다. 스트레스의 원인을 찾아서 해소해주고 야채 등 섬유질이 많은 먹이를 먹이면 도움이 된다.

(9) 비대성 심근증(Hypertrophic Cardiomyopathy)

비대성심근증의 원인은 명확하게 밝혀지지 않았지만 어떤 원인으로 인하여 심근이 비대된 상태이다. 심근이 비대하게 되면 고양이는 심장기능의 약화로 인하여 호흡곤란, 기침 증상을 보이고 운동을 기피하게 된다. 때로 호흡곤란으로 사망하기도 한다. 또 혈전이 생겨 혈관을 폐쇄되는 경우 사지의 부분적인 마비증상을 보이기도 한다.

(10) 비만증(Obesity)

체지방이 과도하게 축적되어 정상의 30%을 넘는 경우 비만증이라고 한다. 비만은 운동량에 비하여 과도한 영양을 섭취하는 경우에 다발하며 중성화 수술을 한 고양이는 비만이 되는 경우가 흔하다. 과도한 비만은 당뇨병, 간장해, 췌장염, 피부염 등 다양한 질병을 초래할 수 있으므로 적당한 영양공급과 운동을 시킴으로써 체중을 관리해준다.

(11) 상부 호흡기 복합감염증(Upper Respiratory Complex)

상부 호흡기 복합감염증은 고양이 허피스 바이러스나 고양이 칼리스 바이러스, 또는 보데

텔라 브론키셉티카와 같은 세균의 감염에 의해 발생하며 눈물과 재채기 증상을 보인다. 감염된 고양이와 접촉하거나 옴, 기생충 등에 의해서 전파되며 면역 상태에 따라서 발열과 재채기를 심하게 하기도 하고 또는 특별한 증상이 없이 만성 보균자가 되기도 한다.

(12) 설사(Diarrhea)

설사는 변의 수분이 충분히 흡수되지 못하고 무르게 나오는 상태이다. 원인은 세균, 바이러스, 원충, 기생충의 감염, 상한 음식, 스트레스 등 다양하다. 원인에 따라 예후가 달라지므로 수의사의 정확한 진단을 받아 조치를 해주어야 한다.

(13) 신부전(Renal Failure)

신부전은 신장의 기능이 손상되어 제 역할을 하지 못하는 상태로 급성과 만성으로 분류한다. 급성신부전은 과도한 출혈이나 탈수 등 신장의 순환혈액량이 감소나 약물 중독으로 주로 발생한다. 또 만성신부전은 선천적인 문제, 면역의 문제, 고혈압과 같은 원인들로 인해 신장의 기능이 지속적인 손상을 받아 발생한다. 신부전이 발생하는 경우 주로 구토, 식욕부진, 활동성 저하, 쇠약 등의 증상이 나타난다.

(14) 전염성복막염(Feline Infection Peritonitis, FIP)

전염성복막염은 코로나 바이러스의 감염에 의해 발병하며 복막염 증상을 비롯하여 간장, 신장, 폐, 눈, 중추신경 등 다양한 조직에 염증반응을 일으킨다. 전염성복막염은 대부분 증상이 서서히 진행되며 식욕부진, 체중감소, 침울, 전신 쇠약 등의 증상을 보인다. 삼출형과 비삼출형으로 나뉘며 삼출형인 경우 흉수나 복수로 인해 복부가 팽대된다.

(15) 지방간(Hepatic Lipidosis)

지방간은 간 내에 지질이 비정상적으로 증가하면서 간세포 내에 지방이 침착된 상태이다. 영양장해, 중독, 당뇨병과 같은 내분비 이상 등으로 발생한다. 식욕이 떨어지고 구토증상을 보이며 체중이 감소하고 지방간이 진행되는 경우 황달 증상이 나타난다.

(16) 폐렴(Pneumonia)

폐렴은 바이러스나 세균, 진균 등으로 인해 폐실질이나 폐포에 생긴 염증을 말한다. 폐렴 증상이 있는 고양이는 기침을 심하게 하고 호흡곤란 증상과 발열을 보이며 서서히 식욕이 떨어지고 쇠약해진다.

(17) 천식(Asthma)

고양이의 천식은 알레르기와 관련되며 돌발적인 기침을 주된 증상으로 한다. 천식을 일으키는 알레르겐이 무엇인지 찾아서 제거해주는 것이 재발 방지에 도움이 된다.

(18) 췌장염(Pancreatitis)

췌장염은 췌장내의 단백분해효소나 지방분해효소 등이 스스로 자기소화(autodigestion)를 일으켜 발생한다. 췌장염이 생긴 고양이는 갑작스러운 구토나 설사 증상을 보이고 먹이를 먹지 않는다. 또 복부 촉진시 통증을 보이며 복부의 통증 때문에 등을 둥그렇게 구부리고 있다. 동물병원에서 혈액검사나 키트를 사용해 진단한다.

(19) 퇴행성 관절염(Osteoarthritis)

퇴행성관절염은 관절을 이루고 있는 연골이 조금씩 파괴되면서 증상이 나타난다. 원인은 면역계의 이상, 선천적 원인, 지속적인 운동억제, 골절이나 관절의 손상 후 적절하게 치료를 하지 않은 경우, 나이가 들면서 관절의 손상이 진행된 경우 등이다. 원인을 교정해주고 통증을 완화시켜주는 치료를 해준다.

(20) 하부 요로계 증후군(Feline Urologic Syndrome, FUS)

하부 요로계 증후군은 배뇨장애, 혈뇨 등을 특징으로 하는 고양이의 비뇨기질환으로 스트레스나 먹이, 세균감염 등 여러 가지 원인으로 발생한다. 주된 증상은 뇨를 보기 힘들어하고 자주 뇨를 보는 자세를 취한다. 또 오줌에 피가 섞여 나오기도 하며 심한 경우 요도가 폐쇄되어 오줌을 누지 못한다.

3. 고양이를 위한 아로마테라피

아로마테라피는 사람과 반려동물의 건강관리에 유용하게 사용할 수 있다. 하지만 에센셜 오일에 민감하게 반응하여 주의해야 하는 동물들도 있다. 그 대표적인 동물이 고양이다.

고양이는 습성뿐 아니라 신체의 반응도 개와 완전히 다른 동물이다. 고양이에게 아로마테라피를 적용할 때 이 사실을 인식하고 고양이를 대해야 사고를 미연에 방지할 수 있다.

심신의 안정, 스트레스 완화, 기분전환에서 냄세제거까지 아로마테라피를 다양한 방법으로 많이 활용하고 있다. 에센셜 오일은 호흡이나 피부를 통해서 흡수되어 간에서 분해된 후 신장을 통해 배설이 된다. 하지만 고양이를 키우는 경우 무심코 사용한 에센셜 오일이 고양이에게 해가 될 수 있다는 사실을 기억해야 한다. 고양이는 간에서 에센셜 오일을 분해시키는 효소가 충분히 분비되지 않는다.

에센셜 오일에 노출된 고양이는 눈물, 어지러움, 발진, 움직임 둔화, 과도한 침분비, 근육경련부터 우울증, 구토와 무기력증 같은 중독증상을 나타내거나 심하면 죽음에 이를 수도 있다. 이러한 중독증상은 고양이에게 에센셜 오일을 직접적으로 사용했을 때만 나타나는 것이 아니다. 사람이나 개에게 아로마테라피를 하거나, 방안의 공기정화를 위해 향초를 발향하면 그 향기만으로도 고양이에게 이상반응이 나타날 수 있다. 고양이에게 즉시 반응이 나타나지 않더라도 지속적으로 에센셜 오일에 노출될 경우 몸에 축적되어 상태가 점점 나빠질 수도 있다. 그러므로 집 안에 고양이가 있는 경우 보호자들이 에센셜 오일의 사용에 매우 주의하여야 하고 세심하게 관찰하는 것이 바람직하다.

모든 동물의 반응은 다르기 때문에 특정성분이 모든 고양이에게 치명적인 것은 아니다. 에센셜 오일에 대한 반응은 고양이마다 다를 수 있다. 무딘 반응을 보이는 고양이도 있지만 어떤 고양이는 매우 예민한 반응을 보이기도 하므로 최대한 조심하는 것이 좋다. 고양이의 증상에 에센셜 오일을 적용할 때는 안전한 오일 위주로 최소량을 테스트한 후 그 반응을 관찰하며 조금씩 늘려가는 것이 필요하다. 고양이에게 아로마테라피를 안전하게 적용하려면 에센셜 오일보다는 하이드로졸을 사용하는 것이 좋다.

하이드로졸은 수증기 증류법으로 에센셜 오일을 추출하는 과정에서 함께 생산되는 수용성 용액이다. 자극이 적고 미량의 에센셜 오일 성분이 함유되어 있어 유용한 효과를 기대할 수 있는데, 치유효능을 위해 품질이 좋은 하이드로졸을 사용하여야 한다. 아로마테라피에 섞음질한 에센셜 오일을 사용하지 않는 것처럼 하이드로졸 또한 증류수에 인공 향이나 에센셜 오일을 혼합하여 향만 비슷한 섞음질한 하이드로졸을 사용하지 않는다.

하이드로졸은 일반적으로 벌레를 쫓거나 고양이를 진정을 시키기 위하여 사용할 수 있다. 또 샴푸나 린스에 첨가하면 진정, 긴장완화, 가려움증 완화, 피부 트러블 개선, 외부기생충 구제와 같은 효과를 거둘 수 있다.

안전한 하이드로졸을 이용하여 고양이의 심신의 건강에 도움이 되는 사용방법은 다음과 같다.

고양이 진정 스프레이 [1)]

라벤더 하이드로졸, Lavandula angustifolia 60㎖
로즈 하이드로졸, Rosa damascena 30㎖
오렌지 블루솜 하이드로졸, Citrus aurantium 30㎖
제라늄 하이드로졸, Pelargonium graveolens 30㎖
식물성 알콜 15㎖
증류수 120㎖

1) Kristen Leigh Bell, Holistic Aromatherapy for Animals, Findhorn Press, 2002, 181p.

고양이 피부가려움증 스프레이 [2)]

위치 하젤하이드로졸 Hamamaelis virginiana 30㎖
로즈 하이드로졸 Rosa damascena 30㎖
라벤더 하이드로졸 Lavandula angustifolia 30㎖
카모마일 저먼 하이드로졸 Matricaria recutita 30㎖
알로에베라젤 30㎖
식물성 알콜 15㎖
증류수 60㎖

고양이 벼룩 방지 스프레이 [3)]

라벤더 하이드로졸 Lavandula angustifolia 30㎖

레몬 버베나 하이드로졸, Lippia citriodora 30㎖
로즈마리 하이드로졸, Rosmarinus officinalis 30㎖
식물성 알콜 15㎖
증류수 120㎖

고양이 진드기 방지 스프레이 [4)]

라벤더 하이드로졸, Lavandula angustifolia 60㎖
제라늄 하이드로졸, Pelargonium graveolens 30㎖
식물성 알콜 15㎖
증류수 120㎖

---

2) Kristen Leigh Bell, *Ibid*, 185p.
3) Kristen Leigh Bell, *Ibid*, 180p.
4) Kristen Leigh Bell, *Ibid*, 181p.

잇몸관리 용액 [5)]

※ 간혹 치주염으로 고통을 받는 고양이들이 있다. 그러한 고양이들에게는 다음과 같은 잇몸관리 용액이 치주염의 회복에 도움을 준다.

증류수 30㎖

타임 하이드로졸 10방울

멀 하이드로졸 5방울

이 용액을 가제수건에 묻혀 닦아 주거나, 잇몸 관리 젤에 혼합하여 잇몸을 닦아준다.

고양이 샴푸 [6)]

하이드로졸은 다음과 같은 목적으로 고양이 샴푸를 만들 때 첨가할 수 있다.

진정 샴푸: 라벤더 하이드로졸, 로즈 하이드로졸

긴장완화 샴푸: 네롤리 하이드로졸, 카모마일 로만 하이드로졸

원기회복 샴푸: 로즈마리 하이드로졸, 레몬 버베나 하이드로졸

피부문제 샴푸: 카모마일 저먼 하이드로졸

가려움 완화 샴푸: 카모마일 저먼 하이드로졸, 라벤더 하이드로졸

벼룩 방지 샴푸: 라벤더 하이드로졸, 로즈마리 하이드로졸, 레몬 버베나 하이드로졸

---

5) Nayana Morag, Essential Oils For Animals, Off The Leash Press, 2011, 185p.

6) Kristen Leigh Bell, *Ibid*, 182p.

4. 고양이를 위한 DIY

가. 고양이 스프레이

반려묘의 안전을 위하여 에센셜 오일의 사용을 조심하는 것이 좋기 때문에 하이드로졸을 이용하여 아로마테라피 효과를 기대할 수 있다. 하이드로졸 스프레이는 벌레를 쫓거나 고양이를 진정시킬 때 유용하며 피부에 사용할 경우 긴장완화와 가려움증 완화 피부트러블 개선 등의 효과를 볼 수 있다. 갈색이나 초록색과 같은 차광 병에 담아 냉장실에 보관한다. 사용할 때에는 잘 흔들어서 손에 뿌리거나 고양이의 털에 뿌린 후 마사지 해준다.

	만드는 법	비고 (TIP)
	재료: 증류수 30㎖, 티트리 하이드로졸 5㎖, 라벤더 하이드로졸 15㎖, 카모마일 하이드로졸 5㎖, 카렌듈라 추출물 1㎖, 나프리 1㎖ (수용성 항산화제) 55㎖ 스프레이용기	
	1. 준비한 재료를 정확히 계량하여 섞는다.	
	2. 스프레이용기에 넣어 반드시 냉장 보관한다.	스프레이를 냉장 보관했다가 사용하는 경우 너무 차가우면 반려묘가 놀랄 수 있으니 상온에 잠시 두었다가 뿌려준다.

나. 쿠션 밤

쿠션밤은 거칠어지거나 갈라진 젤리쿠션에 사용하면 도움이 된다. 쿠션에 발라주고 양말을 신겨 하루가 지나면 쿠션이 촉촉해지는 것을 바로 느낄 수 있다. 고품질의 캐리어 오일을 사용하면 고양이가 그루밍시 소량 섭취하게 되어도 지장이 없다.

	만드는 법	비고 (TIP)
	재료: 캐리어 오일 23g, 밀랍 7g, 30㎖ 용기	캐리어 오일에는 호호바, 로즈힙, 아보카도, 시어 버터 등을 사용하면 좋다.
	1. 캐리어 오일과 밀랍을 섞는다.	
	2. 밀랍이 녹을 때까지 핫플레이트 위에서 저으면서 녹인다.	
	3. 연고가 굳기 전에 용기에 담는다.	
	4. 용기에 담은 후 완전히 굳으면 사용한다.	

03

동물 [말]

1. 말의 특성

에센셜 오일을 이용한 아로마테라피는 말의 건강관리에 유용하게 사용할 수 있다. 에센셜 오일에 대하여 고양이는 대사특이성으로 인하여 예민한 반응을 보이지만 말은 대사특이성이 없다. 그러므로 사람이나 개에게서 다양한 용도로 아로마테라피를 적용하듯이 말에게도 또한 다양한 목적으로 아로마테라피를 적용할 수 있다.

말은 말과에 속하는 포유동물로 온순하고 얌전하며 인간에게 중요한 동물의 하나로, 세계 각지에 분포한다. 말은 초식동물로 몸길이가 2m, 몸무게는 350~700kg이고 꼬리길이는 약 90cm 정도 된다. 말의 특성은 무리를 짓는 본성인 군집성, 먼 곳에서도 집을 찾아오는 귀소 본능, 다른 말의 행동이나 습관을 따라하는 모방성, 움직임과 소리를 이용하여 대화하는 사회성의 특징이 있다. 체격은 크지만 잘 놀라고 경계심이 많은데, 예민한 감각이 발달해서 평소 익숙하지 않은 소리나 물건을 보면 도피하기 위해 급히 뛰거나 뒷발로 공격을 하고, 새로운 것이나 소리에는 소리 나는 방향으로 귀를 움직여 호기심을 표현하기도 한다.

말은 군사, 교통, 통신, 산업용으로 사용하여 왔고, 최근에는 주로 승용이나 스포츠용으로 이용된다. 승마는 말과 사람이 일체가 되어야 하는 운동으로 신체의 평형성과 유연성을 길러 신체발달을 돕는 전신운동일 뿐만 아니라, 대담성, 건전한 사고력을 기르는 정신운동이고, 말과 정서적 교감을 통한 정서순화 작용에도 효과적이다.

최근에는 말을 매개로 치료와 교육을 결합한 승마힐링치료인 재활승마가 관심을 받고 있다. 재활승마는 말과 교감하는 법을 배우고, 근육의 긴장과 완화를 통한 코어근육강화, 균형력 강화 등의 신체적 능력을 향상시키고, 스트레스, 주의집중 문제, 사회성 부족, 정서적 불안정을 보이는 아동과 청소년에게 사회성향상, 자신감과 자존감 향상효과가 있어 특히 특수학급과 장애 학생들에 많이 활용되고 있다. 자신보다 큰 동물을 다루면서 자신감이 향상되고, 말과 소통하고 교감하고 제어하면서 자존감이 향상되고, 말을 타는 경험이 의사소통과 사회적응능력 향상에 효과가 있다는 연구결과도 발표된 바 있다.

말은 우리가 생각하는 것 이상으로 본능적으로 냄새에 민감하고 특별한 효능을 지닌 풀들과 친근한 동물이다. 말은 냄새로 먹을 수 있는 풀을 구분하고 추적자를 경계하며 어미와 새끼를 확인하고 또 성적 상대자를 찾는다. 또 몸의 상태가 좋지 않은 경우 풀들의 독특한 냄새를 맡아 자신에게 필요한 풀을 찾아 먹고 스스로 몸을 회복시킨다.

오늘날 사람들이 사육하는 말들은 좁은 곳에 갇혀 주어지는 사료만을 먹으며 생활하기 때문에 스스로 몸을 치유할 기회를 갖지 못하고 있다. 하지만 말은 본능적으로 향에 민감하고 또 향을 맡는 것을 좋아하기 때문에 아로마테라피를 잘 적용하면 말의 건강관리에 도움을 줄 수 있다.

아로마테라피는 말의 다양한 증상에 적용할 수 있다. 경주를 하는 말은 경주를 앞두고 심한 긴장을 하거나, 경주를 위한 장거리 이동으로 스트레스를 받거나, 예전에 경주를 하다가 부상을 당한 경우 그 기억으로 인하여 경주 자체를 거부하는 경우도 있다. 또 경주 도중에 다른 말과 부딪히거나 염좌 등 부상을 입기도 한다. 승마용 말은 기승자의 경력과 태도에 따라 스트레스를 받거나, 부상을 입기도 한다. 이와 같이 상처, 근육통증, 피부염증, 모기와 소등애 등 곤충 퇴치 등 신체적 문제와 두려움, 공포, 학대와 같은 정신적 스트레스를 완화시키는 등 말의 다양한 심신의 상태를 정상화시키는 데 여러 용도도 적용할 수 있다.

2. 말을 위한 아로마테라피

가. 에센셜 오일의 선택

말에게 아로마테라피를 일방적으로 적용하려 해서는 안 된다. 아로마테라피는 적용하려는 사람과 적용하고자 하는 말 사이에 적절한 소통이 이루어져야 원하는 효과를 볼 수가 있다. 말에게 아로마테라피를 적용하기 위해서는 먼저 어떤 용도로 사용할 것인지를 결정하고, 용도에 따른 에센셜 오일을 선택하여야 한다.

에센셜 오일을 선택하는 데 있어서, 특정 증상에 치유효과가 있는 오일을 몇 개 선택한 후 최종적으로 사용할 오일에 대한 결정은 말이 할 수 있도록 한다. 말은 그 상황에서 자신에게 필요한 향이 무엇인지 본능적으로 안다.

말이 에센셜 오일을 선택하게 하는 방법은 첫째 에센셜 오일병의 뚜껑을 열고 말의 코 아래에서 천천히 왔다갔다 흔든다. 다른 방법은 에센셜 오일을 아로마테라피스트의 손바닥에 떨어뜨리고 손바닥을 부벼서 오일이 따뜻해지도록 한 후 손을 꽃봉오리 모양으로 만들어서 말에게 향을 맡도록 하는 것이다.

말은 후각이 예민하므로 향기에 반응하여 만약 자신의 상태에 적합한 오일이면 향을 더 맡으려고 코를 킁킁거리며 적극적으로 향을 맡으려고 하거나 에센셜 오일의 향이 나는 손을 핥으려고 할 것이다. 말은 자신에게 필요한 향을 맡게 하는 경우 입술을 동그랗게 말고 윗입술을 치켜 올리는 플레멘(Flehmen) 동작을 취한다. 그런 경우 그 오일은 말의 상태에 유용한 오일일 가능성이 높다. 만약 고개를 돌려버리며 오일의 향으로부터 벗어나려고 하면 그 오일은 관심이 없는 오일이거나 효과가 없는 오일에 본능적으로 반응하는 것이므로 다른 오일을 선택하는 것이 바람직하다.

에센셜 오일에 대한 반응은 말마다 다르게 나타난다. 또 동일한 말에게 적용해도 그때 상태에 따라서 다른 반응을 한다. 이것은 말의 상태에 따라 오일의 효용성이 달라지기 때문이다. 같은 에센셜 오일도 어떤 날은 효과가 있지만 어떤 날은 그다지 적합하지 않을 수도 있다. 특정 에센셜 오일을 처음에는 좋아하다가 며칠 지나면서 오일에 대한 반응이 달라졌다면 그것은 몸의 상태가 변하여 그 오일의 효용성이 달라진 것이다. 그런 반응이 나타나면 다른 오일을 사용한다.

나. 에센셜 오일의 사용법

에센셜 오일은 고농도의 오일이기 때문에 반드시 캐리어 오일이나 베이스 로션과 같은 것에 희석하여 사용하여야 한다. 에센셜 오일의 사용 농도는 사람과 동일하게 2%로 적용하는데, 말의 몸무게가 350~700kg이므로 최대 40방울까지 사용한다. 마사지용 블렌딩은 캐리어 오일 50㎖에 에센셜 오일 20방울을 기준으로 희석하여 사용한다.

말의 통증이 심할 경우는 농도를 더 높이고, 나이든 말, 어린 말, 예민한 말은 농도를 조금 낮추어 사용하는 것이 더 효과적이다.

또 에센셜 오일은 한 가지 오일만을 사용하는 것보다 몇 가지 오일을 섞어서 사용하는 것이 더 좋은 효과를 가져오는데 이것을 시너지(synerge) 효과라고 한다. 치유효과를 위해 여러 오일을 섞는 것을 블렌딩이라고 하는데, 블렌딩은 에센셜 오일을 3가지 이하로 섞는 것이 좋다.

아로테라피의 적용방법은 다양하다. 에센셜 오일의 향을 맡게 하거나 진흙, 연고, 젤에 섞어서 사용하거나 물에 풀어서 마사지하는 수건에 적셔서 사용할 수 있다. 적용증상에 대한 효과는 상태에 따라서 다르며, 보통 3~7일 사이에 긍정적인 반응이 일어난다. 말이 처음에 좋아했던 향기이고 긍정적인 반응이 나타났지만, 시간이 지나면서 고개를 돌리는 등 싫어하는 반응을 보일 수 있다. 이 경우 증상이 남아있으면 다른 오일로 바꾸어 사용하거나, 오일의 사용을 중단하고 상태를 지켜본 후에 계속 적용여부를 결정한다.

다. 에센셜 오일 사용 시 주의사항

식물에서 추출한 천연의 에센셜 오일이라고 하더라도 사용을 잘못하는 경우 부작용이 생길 수 있다. 그러므로 에센셜 오일을 사용할 때에는 다음과 같은 점을 주의해야 한다.

(1) 패치 테스트를 한다.

에센셜 오일에 대한 반응은 모든 말들에게서 다르게 나타날 수 있다. 대다수의 말들에게는 안전한 농도로 사용했을 때 문제가 없는 오일이지만 어떤 말에게는 과민한 반응을 나타낼 수 있다. 그러한 반응이 나타나는지 여부를 알아보기 위하여 블렌딩한 오일을 사용하기 전에 패치 테스트를 한다. 패치 테스트는 블렌딩한 오일을 겨드랑이 안쪽에 조금 발라서 그 부위가 붉어지거나 가려워하는지를 살핀다. 만약 피부가 붉어지거나 가려워하는 경우 같은 효능의 다른 에센셜 오일을 바꾸거나 더 낮은 농도로 희석한다.

(2) 오일병을 단단히 잡는다.

말에게 시향할 때 특히 주의해야 할 사항은 말은 향에 민감하고, 만약 흥미가 있는 오일인 경우 향을 맡을 때 오일 병을 가로채어 삼킬 수 있다. 그러므로 향 테스트를 할 때 만약의 사태를 대비하여 오일병을 단단히 잡고 있어야 한다. 가능하면 말의 소유주나 조교 등 말과 친숙한 사람이 시향을 하는 것이 바람직하다. 테라피스트가 낯설거나 원치 않는 향인 경우, 고개를 휙 쳐들어 병을 떨어뜨리거나, 뒷발질 등 급격하게 몸을 움직일 수도 있으므로 주의한다.

(3) 에센셜 오일은 자극이 될 수 있으므로 예민한 부위인 눈이나 생식기 주위에는 사용하지 않는다.

(4) 반드시 캐리어 오일이나 샴푸, 젤 등에 희석하여 사용한다.

(5) 2주 이상 사용은 권장하지 않는다. 만약 2주 이내에 증상의 개선이 없다면 적합한 오일이 아니므로 사용을 중단하고, 다른 오일을 선택한다.

라. 말에게 유용한 에센셜 오일과 적용방법

놀란 말을 안정을 시키기 위해서 샌달우드, 프랑킨센스 등 진정효능이 있는 에센셜 오일을 적용하고, 경기 중에 부상을 당하여 다리를 저는 경우에는 진통효능이 있는 프랑킨센스, 헬리크리섬, 라벤더, 마조람, 멀, 페퍼민트을 적용하는 등 각 증상별로 적합한 에센셜 오일을 선택하면 더 좋은 효과를 기대할 수 있다.

(1) 염증완화용 클레이[7]

아구창, 말굽감염완화 등에 사용하며, 습기로부터 보호하고 염증완화 효과가 있다.

단, 건강한 피부에 바르면 자극이 있거나 불편함을 느낄수 있으니 주의한다.

- 그린 클레이 150g
- 하이드로졸(타임, 티트리, 라벤더, 마조람 중의 1가지) 200㎖
- 에센셜 오일(티트리, 유칼립투스, 로즈마리, 멀, 베티베르, 라벤더 중 3가지 선택) 총 25방울

위의 클레이, 하이드로졸, 에센셜 오일을 잘 섞어, 농도를 진하게 쿠키반죽 정도로 만들어 해당 부위에 매일 바른다.

(2) 인대와 힘줄 강화 젤[8]

인대와 힘줄에 자주 문제가 생기는 경우, 해당 부위를 정상화시키는 데 도움이 되는 젤이다.

- 알로에 젤 85㎖
- 칼렌듈라 인퓨즈드오일 15㎖
- 시어 버터 20g
- 에센셜 오일(카모마일 저먼, 카모마일 로만 중) 총 20방울
- 에센셜 오일(라벤더, 레몬그라스, 마조람 중 2가지) 총 20방울

에센셜 오일을 칼렌듈라 오일에 섞은 후 알로에 젤, 녹인 시어 버터 순으로 잘 섞은 후 사용한다.

---

7) Nayana Morag, *Ibid*, 178p.

8) Nayana Morag, *Ibid*, 178p.

(3) 가려움증 완화 로션[9]

모기 등 곤충에 물린 후 가려움 완화하거나, 곤충에 물리는 데 예민성을 완화시키는 효과가 있다.

- 클레이 200g
- 카렌듈라 인퓨즈드오일 50㎖
- 시어 버터 20g
- 하이드로졸(제라늄 또는 라벤더) 150~200㎖
- 비타민 E 20방울
- 에센셜 오일(카모마일 저먼, 카모마일 로만 중 1가지) 총 10방울
- 에센셜 오일(레몬그라스, 시더우드, 베티베르, 라벤더, 제라늄 중 2가지) 총 30방울

에센셜 오일을 식물성 오일에 희석 후 클레이, 하이드로졸, 녹인 시어 버터 순으로 잘 섞은 후 1시간 정도 두었다가 사용한다. 농도는 바디로션 정도로 만드는데, 짙으면 하이드로졸을 더 넣고, 묽으면 클레이를 더 넣는다.

(4) 근육통 완화 젤[10]

근육통완화와 소화기계 강장 효과가 있다.

- 알로에베라 젤 100㎖
- 에센셜 오일(진저, 타임 중 1가지) 총 15방울
- 에센셜 오일(레몬그라스, 로즈마리, 페퍼민트 중 1가지) 총 10방울
- 에센셜 오일(마조람, 넛멕, 클라리 세이지 중 1가지) 총 15방울

에센셜 오일을 알로에 젤에 잘 섞은 후 해당부위에 발라준다.

마. 기타

이외에도 말의 심신의 상태를 정상화시키는 데 유용한 오일은 다음과 같다.

(1) 신경 긴장(Nervous Tension)

넛멕, 라벤더, 베티베르, 시더우드, 오렌지, 일랑일랑, 주니퍼 베리, 카모마일 로만, 프랑

---

9) Nayana Morag, *Ibid*, 176p.

10) Nayana Morag, Ibid, 176p.

킨센스, 헬리크리섬

(2) 감기 등 호흡계 관리(Respitarory Management)

라벤더, 레몬, 레몬그라스, 로즈마리, 마조람, 유칼립투스 글로불루스, 티트리, 파인, 페퍼민트, 히숍

(3) 관절염(Arthritis)

넛멕, 라벤더, 레몬그라스, 마조람, 멀, 베티베르, 페퍼민트, 프랑킨센스, 헬리크리섬

(4) 광과민성 피부염(Photosensitivity Dermatitis)

라벤더, 멀, 제라늄, 카모마일 로만, 패출리, 헬리크리섬

(5) 근육 손상(Muscle Injury)

라벤더, 레몬그라스, 마조람, 사이프러스, 시더우드아틀라스, 페퍼민트, 헬리크리섬

(6) 긁히거나 안장으로 인한 상처(Scar)

라벤더, 레몬그라스, 로즈마리, 마조람, 멀, 제라늄, 카모마일 로만, 타임, 티트리, 패출리, 헬리크리섬

(7) 농양, 발굽농양(Ulcer)

라벤더, 레몬, 레몬그라스, 타임, 티트리, 헬리크리섬

(8) 피부 질환(Skin Disease)

라벤더, 레몬, 레몬그라스, 로즈, 멀, 베티베르, 제라늄, 주니퍼 베리, 카모마일 로만, 티트리, 패출리, 헬리크리섬

(9) 바이러스 감염(Viral Infection)

로즈, 제라늄, 타임, 페퍼민트, 헬리크리섬, 히숍

(10) 벌레 물린 곳(Insect Bite)

라벤더, 레몬그라스, 유칼립투스 글로불루스, 제라늄, 패출리, 페퍼민트, 히숍

(11) 부종(Edema)

사이프러스, 파인

(12) 출산(Parturition)

라벤더, 마조람, 멀, 베티베르, 일랑일랑, 제라늄, 카모마일 로만, 페퍼민트, 프랑킨센스, 헬리크리섬

(13) 설사(Diarrhea)

레몬, 레몬그라스, 베티베르, 진저, 타임, 티트리, 페퍼민트

(14) 안과 질환(Eye Disease)

라벤더, 프랑킨센스, 헬리크리섬

(15) 열(Fever)

라벤더, 유칼립투스 글로불루스, 타임, 티트리, 페퍼민트, 헬리크리섬

(16) 인대 손상(Ligament Injury)

라벤더, 레몬그라스, 마조람

(17) 외부기생충(Parasite)

라벤더, 레몬, 레몬그라스, 유칼립투스 글로불루스, 제라늄

(18) 유육종(Sarcoid)

그레이프프룻, 라벤더, 오렌지 스윗, 타임, 페퍼민트, 프랑킨센스, 헬리크리섬

(19) 제엽염(Laminitis)

라벤더, 레몬그라스, 마조람, 일랑일랑, 페퍼민트, 헬리크리섬

(20) 종양(Tumor)

그레이프프룻, 레몬, 오렌지, 프랑킨센스

04

동물 [적용법]

1. 적용법

반려동물에게 아로마테라피를 할 때는 희석한 오일을 가볍게 터치하는 것부터 시작해야 하며, 희석한 에센셜 오일 한 방울을 적용하여 반응을 보며 조금씩 늘려가야 한다.

동물에게 아로마테라피를 적용할 때는 그 대상인 동물의 종류, 상태, 상황 등과 아로마테라피를 실시할 사람까지 모든 것을 고려해야 하고, 에센셜 오일과 그 적용방법을 잘 선택해야 가장 최선의 효과를 낼 수 있다. 동물의 정서적 안정과 더 좋은 효과를 얻으려면 테라피를 하는 동안 동물끼리는 가급적 분리시키는 것이 바람직하다.

아로마테라피 적용법에는 도구를 이용해야 하는 확산법과 오일을 동물에게 직접 적용하는 쓰다듬기, 국소부위 적용, 마사지 등이 있다.

2. 동물을 위한 아로마테라피의 적용

국소부위, 쓰다듬기, 마사지에는 연고 또는 캐리어 오일에 에센셜 오일을 블렌딩하여 희석해서 사용한다.

- 확산법: 물확산법(물을 이용한 디퓨저) / 공기확산법(네뷸라이저)
- 물분사법(스프레이를 이용하여 공기 중에 또는 직접 동물에게 분사)
- 국소부위(에센셜 오일을 연고 또는 캐리어 오일에 블렌딩하여 희석한 후 이용)
- 쓰다듬기(손바닥에 블렌딩 오일을 문지른 후 쓰다듬음, 귀는 손가락 이용)
- 마사지

가. 확산법

확산법에는 물을 이용하는 물확산법과 공기중에 에센셜 오일 원액을 분무시키는 공기확산법이 있다.

방 법

1) 처음 시작할 때, 최소한의 양으로 열린 공간에서 5~10분 정도 실시한다.
2) 동물에게 적용하기 전에 디퓨져 또는 스프레이 분사물을 직접 사람이 먼저 쐬어 본다.
3) 공간과 상태에 따라 다음과 같이 확산법의 다르게 적용한다.
   ① 열린 공간에서의 확산법은 비교적 가벼운 증상에 실시한다. 동물이 디퓨져로부터 30cm 이상 떨어진 위치에서 시행하며 대부분의 동물에게 적용할 수 있다.
   ② 통풍이 안 되는 닫힌 공간 또는 화장실과 같이 좁은 공간에서의 확산법을 시행하면 농도가 강해 동물에게 더 큰 영향을 미칠수 있으므로 보호자가 지켜보며 시행한다.
   ③ 케이지 또는 우리에서의 확산법은 수증기를 쐬는 방법으로 좀 더 직접적으로, 집중 치료를 하기 위한 방법이므로 보호자가 지켜보며 시행한다.
   ④ 텐팅법은 동물의 케이지와 디퓨져를 커다란 타월 등을 이용하여 둘러쌓아 휘발된 에센셜 오일이 다른 곳으로 분산되지 않도록 하는 고농도의 집중 치료 방법이다. 반드시 주의 깊게 상황을 살펴야 한다.

• 주의사항 •

- 확산법 시행 중 응급 상황에 처하면 즉시 중단하고, 신선한 공기가 있는 공간으로 이동해야만 한다. 상태를 살펴보고, 필요시 동물병원에서 진료를 받는다.
- 열린 공간에서의 확산법을 제외하고 절대로 동물만 두고 그 장소를 벗어나지 않는다.
- 여러 종류의 동물이 함께 있는 공간에 조류 또는 소동물류, 특히 고양이가 있다면 오일의 비율을 최소한으로 해야 하고, 가급적 하이드로졸을 이용한다.
- 일반적으로 조류 또는 소동물류, 고양이를 위한 확산법은 특별한 경우가 아니라면 열린 공간에서 시행한다.

(1) 물확산법

물을 기본으로 하는 디퓨져 기계를 이용하여 수증기 형태로 확산시키는 방법으로 가정에서 사용하는 가습기에 오일을 넣어 사용하는 것이 아니라, 오일 전용 디퓨져를 사용해야 한다.

방 법

1) 디퓨져에 물을 채우고, 그 물에 에센셜 오일을 떨어뜨려 준비한다.
2) 에센셜 오일은 1~4방울 정도로 시작한다. 공간의 크기, 물의 양, 동물의 종과 크기 등 많은 경우의 수가 있기 때문에 오일의 양은 이쑤시개의 끝으로 찍어낸 만큼의 오일양부터 20방울까지도 가능할 수 있으므로 그 양을 지정할 수 없다.

(2) 공기확산법

네뷸라이저라는 기계를 이용하여 에어로졸 형태로 확산시키는 방법으로 동물이 있는 공간에 적용하는 간접적인 방법과 동물에게 바로 쐬게 하는 직접적인 방법이 있다.

에어로졸-기체 속에 고체 또는 액체의 작은 방울이 분산된 계(系)로 연무질(煙霧質)이라고도 하며 그 크기는 보통 0.001~1.0㎛ 정도이다.

방 법

1) 오일 원액을 전용 디퓨져를 이용하여 확산시키는 방법으로 물확산법보다 고농도이다.
2) 넓은 공간, 외양간, 마구간, 닭장 등에서도 가능한 방법이다.
3) 드물지만 텐팅법을 적용할 수도 있다. 이 경우 해당 동물의 우리에 간이 벽이나 천막을 세워서 실시한다.

나. 물분사법

방 법

1) 에센셜 오일을 무수알콜에 희석시킨 후 스프레이 용기에 물과 넣고 잘 섞는다. 장소와 상황에 따라 오일의 양은 다양하게 조절할 수 있다.
2) 스프레이를 흔들어서 잘 섞이게 한다.
3) 상황에 따라 공기 중, 케이지 안쪽 등에 분사하거나 동물에게 직접 분사한다. 조류의 횟대에 뿌리는 것도 한 방법이다.

• 주의사항 •

동물에게 직접 분사할 때 동물의 얼굴에 닿지 않도록 잘 잡고 뿌려야 하며 적용 후 주의해서 지켜봐야 한다.

다. 마사지

반려동물에게 마사지를 해주는 것은 동물과 보호자 사이의 유대 관계를 높이고 신뢰 형성, 신뢰 회복 등에 도움이 되고, 작은 종양, 상처 또는 아픈 부위 등을 비교적 조기에 발견할 수 있는 좋은 방법이다. 대부분의 동물은 마사지 받는 것을 좋아하며 동물에게 하는 마사지는 근육의 긴장을 풀고 이완시켜 편안한 휴식과 안정을 얻도록 돕는 데 그 목적이 있다. 마사지는 부드럽게 쓰다듬어 주는 방법과 아주 가볍게 두드리는 방법을 사용한다.

방 법

1) 동물이 가장 좋아하는 공간에 앉히거나 눕혀서 편안한 자세가 되게 한다.
2) 충분히 쓰다듬어 긴장을 풀어주고, 머리, 배, 등 혹은 필요한 지점을 가볍게 두드려준다.
3) 원을 그리며 목에서 머리 방향으로 충분히 마사지한다.
4) 목 〉 어깨 〉 다리 〉 가슴을 마사지한 후 좋아한다고 느껴지면 발바닥을 마사지한다.
5) 등과 어깨 사이를 천천히 마사지한 후 손가락으로 척추를 따라 작은 원을 그리며 아주 가볍게 마사지한다.
6) 등을 따라 꼬리뼈까지 마사지한 후 뒷다리 아래를 향해 마사지한다. 만약 개가 충분히 이완되어 있고, 기분이 좋다면 뒷발의 발바닥을 마사지한다.

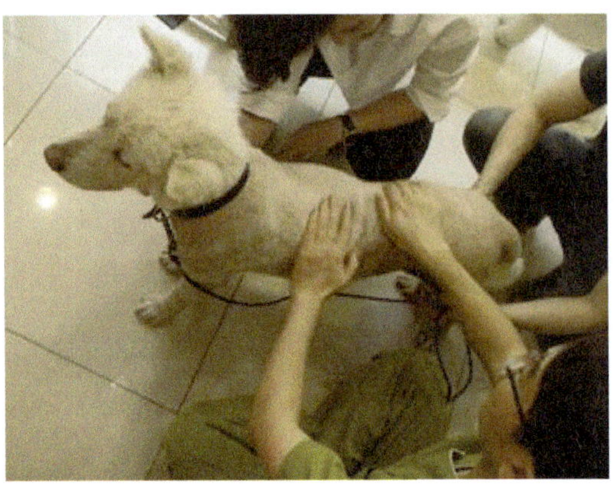

• 적용 용량

• 주의사항 •

- 하루 중 가장 편안한 시간에 한다.
- 시간은 5~10분 정도로 한다.
- 만약 불편해하거나 싫어한다면 즉시 멈춘다.(마사지가 꼭 필요한 과정은 아니다.)
- 털을 빗거나 미용을 끝낸 후 마사지한다.
- 너무 세게 마사지 하지 않는다. 반드시 부드럽고 가볍게 마사지 한다.

라. 기타 적용법

(1) 디퓨져

방 법

1) 에센셜 오일은 1~4방울 넣는다.
2) 매일 밤, 일주일에 한 번, 한 달에 한 번 등 필요에 따라 사용한다.
3) 같은 오일을 사용해도 되고, 다른 오일로 바꿔서 사용해도 된다.
4) 밤새 시행해도 되지만 짧은 시간으로 나눠서 해도 된다.

(2) 목욕법

방 법

에센셜 오일을 이용하여 만든 입욕제 또는 샴푸 또는 린스를 활용한다.

(3) 국소 부위를 위한 연고

방 법

에센셜 오일을 이용하여 만든 연고를 환부에 적용한다.

3. 동물을 위한 아로마테라피의 주의점

동물에게 아로마테라피를 할 때 국소 적용, 확산법 등 모두 적용방법에 아래의 사항을 기준으로 안전하게 적용해야 스트레스를 완화하고 심신의 건강을 증진하여 보호자와 반려동물 모두 행복한 삶을 누릴수 있다.

1) 반드시 적은 양으로 시작하여 그 양을 점점 늘려간다.
2) 에센셜 오일을 적용할 때 처음에 한 번에 하나씩 매우 낮은 농도로 시작하고, 반드시 이전에 적용한 아로마테라피의 반응을 살핀다.
3) 하루에 두 번 이상 치료 목적으로 에센셜 오일을 바꿔서 사용하지 않는다. 즉 여러 차례 필요에 따라 반복해서 적용하는 것은 가능하지만 그때마다 겹쳐서 또는 다른 목적으로 치료 방법이나 오일의 사용이 바뀌지 않아야 한다.
4) 처음 적용 후 3일 정도는 동물들의 반응을 살피고 양을 늘릴지, 더 강력한 것을 쓸지, 같은 것을 쓸지, 양을 줄일지를 결정한다.

동물을 위한 아로마테라피의 주의점

(1) 너무 적은 양을 적용한 경우

- 증상: 반응이 없거나 악화된다.
- 대응: 너무 적은 양을 써서 반응을 전혀 보지 못했을 경우는 다시 한 번 같은 시행을 반복하거나 양을 늘려서 실행한다. 만약 증상이 더 악화된 경우는 양을 늘리고, 다른 때보다 더 빨리 다음 테라피의 적용을 결정한다.

(2) 너무 많은 양을 적용한 경우

- 증상: 연변을 보거나 식욕부진, 적용 부위를 긁거나 문지르는 행위, 피부가 붉어지거나, 땅 위에 구르거나 달리는 행위, 재채기, 기침, 곁눈질(사시) 증상 또는 평소와는 다른 행동을 보인다.
- 대응: 에센셜 오일을 이용한 테라피 후 동물이 불편함을 느껴선 절대로 안 된다. 간혹 치료 적용 시 동물이 숨쉬기 힘들어하면 결코 좋은 치료법이라고 할 수 없으므로 그 부위를 닦아내거나 목욕을 시켜 더 흡수되지 않도록 한다.

(3) 충분한 효과가 나타나지 않는 경우

효과는 있으나 그 결과가 만족스럽지 않다면 정확한 오일을 선택했는지 확인한다. 만약 적용한 오일의 선택이 맞았다면 양을 늘리기보단 적용 빈도를 늘린다.

(4) 가장 중요한 것

에센셜 오일을 적용할 때 처음에 한 번에 하나씩 매우 낮은 양으로 시작하고, 추가 또는 양을 늘리는 것은 3일 이후에 다시 시행한다.

가. 적용법 [개]

1) 믿을 만한 회사의 테라피 등급의 에센셜 오일을 사용해야 한다.

2) 에센셜 오일은 반드시 100% 자연 성분의 재료에 희석해야 한다. 절대로 합성 오일, 액체 세제 또는 일반 샴푸 등과 섞어서는 안 된다.

3) 에센셜 오일 또는 하이드로졸을 제대로 블렌딩하면 시너지 효과가 있고, 더 강력한 효과를 얻을 수 있다. 3가지 정도의 오일을 블렌딩할 때 테라피 효과는 극대화된다. 물론 증상에 따라 블렌딩하지 않은 한 가지 오일이 효과적인 경우도 있지만, 반려견의 상태에 적합한 3가지 오일을 블렌딩할 때 더 좋은 효과를 얻을 수 있다.

4) 개들은 후각이 예민하기 때문에 낮은 농도로 희석하여 사용한다. 안전을 위해 0.25% 정도로 희석하는 것을 권장한다. 에센셜 오일을 희석할 때, 샴푸 또는 다른 베이스 240㎖에 12방울, 캐리어 오일 150㎖에 7방울 정도가 적당하다.
단 국소부위에 연고로 사용할 경우 10㎖에 4~10 방울 정도 사용할 수는 있다.

5) 에센셜 오일을 선택할 때, 페놀, 케톤성분이 많이 함유된 오일은 피한다.

6) 중 · 대형견의 경우 8주 이하, 소형 · 토이 사이즈의 경우 10주 이하의 어린 강아지에게는 에센셜 오일을 이용한 아로마테라피는 적용하지 않는다. 위 경우를 제외한 모든 강아지에게는 에센셜 오일을 최소량 희석하여 사용하고, 조심스러우면 하이드로졸을 사용한다.

7) 에센셜 오일은 적은 양부터 적용하고, 적용 후 반응을 주의깊게 살펴야 한다. 만약 앓는 소리를 내거나 헐떡이거나 침을 흘리거나 바닥에 얼굴을 비벼대는 등의 행동을 한다면, 더 낮은 농도로 희석해서 사용한다.

8) 오일은 최대한 안전한 기준으로 희석해야 한다. 만약 작은 개와 큰 개가 함께 사용해야 한다면 작은 개를 기준으로, 민감한 개가 함께 사용해야 한다면 민감한 개를 기준으로 한다.

9) 반드시 개의 상태에 따라 아로마테라피를 적용한다. 개가 임신한 경우, 아픈 경우, 나이가 많은 경우는 더 많이 희석하거나 분무 형태로 적용한다. 특히, 임신한 동물에게는 자극 오일(페퍼민트, 로즈마리, 티트리, 스피어민트, 유칼립투스 등)은 피하고, 진정과 토닉 작용을 하는 오일을 사용한다.

10) 뇌전증이나 발작을 하는 개들은 특히 더 주의가 필요하다. 이 경우 진정 작용을 하는 에센셜 오일은 중추 신경계를 진정시켜 발작 횟수를 줄이거나 예방하는 데 도움이 될수 있다.

11) 항상 최소의 양으로 희석하고 관찰하면서 늘려야만 한다. 반려동물은 자신이 느끼는 것을 말로 표현할 수 없으므로 행동언어를 주의 깊게 관찰하며 양을 조금씩 늘려가는 것이 바람직하다.

12) 에센셜 오일을 눈과 눈 주변, 코와 코 주변, 귀안, 입안, 항문, 생식기 주변에 사용해선 안 된다.

13) 에센셜 오일을 먹지 않도록 주의해야 한다. 하지만 아로마테라피를 한 발이나 털을 핥는 것은 걱정하지 않아도 된다. 4번 항목에서 제시한 희석의 정도는 개가 핥아 먹을 경우를 감안한 매우 안전한 범위이다.반려동물에게는 반드시 테라피 등급의 에센셜 오일과 캐리어 오일을 사용해야 한다.

나. 적용법 [고양이]

1) 에센셜 오일은 고양이에게 위험할 수 있다. 특히 감귤류나 파인 오일은 고양이에게 매우 위험할 수 있으므로 주의해야 한다.

2) 말린 허브, 말린 허브를 이용한 차, 신선한 잎을 이용한 차 등은 에센셜 오일의 성분을 포함하고 있으며 고양이에게 에센셜 오일과 유사한 효과를 낼 수 있으므로, 낮은 농도로 희석하여 사용해야 한다. 특히, 캣닢은 고양이의 지루함을 해소시키고 기분 좋게 만드는, 고양이가 가장 좋아하는 말린 허브로, 마약과 유사한 작용을 하므로 양을 조절해야 한다.

3) 천연 제품의 에센셜 오일에도 주의를 해야 한다. 사람이나 동물용으로 판매하는 천연 제품에는 대부분 에센셜 오일이 많거나 적게 포함되어 있으므로, 고양이가 함께 살고 있다면 반드시 에센셜 오일의 종류와 함량을 확인하고 사용 후에는 고양이가 밀폐된 공간에 함께 있지 않도록 주의해야 한다.

4) 사람이 사용하는 합성 제품에 주의한다. 향수, 화장품, 소독, 청소 용품 등에는 강한 화학 성분의 독성 물질이 포함되어 있을 뿐 아니라 합성 오일이 포함되어 있기도 하다. 이런 제품들은 고양이뿐 아니라 개나 다른 반려동물 그리고 사람을 위해서라도 가급적 사용을 피해야 하고 사용했다면 반드시 충분히 환기시키고 반려동물은 안전한 곳에 피신시킨다.

5) 만약 개와 고양이를 함께 키우는 상황에서 개에게 에센셜 오일을 이용한 아로마테라피를 적용했거나 에센셜 오일이 포함된 샴푸 등의 제품을 사용했다면 고양이는 최소 한 시간 이상 개와 격리시켜야 한다.

아로마테라피가 널리 알려지면서, 사람들은 에센셜 오일이 들어간 제품을 몇 년 전까지 고양이에게 무분별하게 많이 사용하였다. 아로마테라피스트들과 수의사들이 일부 고양이에게 에센셜 오일이 독성으로 작용할 수 있음을 우려하였으나 직접적인 증거로 입증하기는 어려웠다. 최근 수의사 등 많은 연구진들이 에센셜 오일의 화학성분별 유해성을 입증하는 논문들을 발표하면서 고양이에게 에센셜 오일을 적용하는 것에 대해 좀 더 주의를 하게 되었다.

하이드로졸의 사용에 대해서는 최근까지 고양이에 독성 반응, 피부 자극, 중독 증상 등을 유발시키거나 간 기능 손상, 간 효소를 증가 등의 사례가 보고된 바가 없어 대체로 안전하게 적용할 수 있다. 고양이에게 하이드로졸 적용은 다른 동물에게 에센셜 오일을 적용하는 것과 같은 치유효과를 기대할 수 있다.

찾아보기

참고문헌

American Holistic Veterinary Medical Association, www.ahvma.org

Battaglia, Salvatore, *The Complete Guide to Aromatherapy*, 2nd edition, Australia; The International Centre of Holistic Aromatherapy, 2003.

Bell, Kristen L., *Holistic aromatherapy for animals*, Scotland:Findhorn Press, 2002.

Caroline Ingraham, *Aromatherapy for horses*, Kenilworth Press, 2014.

Cyr Georgina, *Aromatherapy for Animals : Introduction to Aromatherapy for Animals*, CreateSpace Independent Publishing Platform, 2015.

Davis, Patricia, *Aromatherapy An A-Z*, UK:Random House UK, 2005.

Gregory L. Tilford & Mary L. Wuff. *Herbs for Pets*. Califonia:Bowtie, 2009.

Michael McGuffin and Zoe Gardner, *American Herbal Products Association's Botanical Safety Handbook*, Second Edition, UK: CRC Press, 2013.

Morag, Nayana, *essential oils for animals*, USA:Off The Leash Press, LLC, 2011.

Pamela Trugood, *Essential Oils for Dogs*, 2015, www.ICGtesting.com.

Peter Retriever, *Essential Oils and Aromatherapy for Your Dog : Natural remedies for healing and promoting a long, happy life*, www.ICGtesting.com.

Puotinen, C.J., *The encyclopedia of natural pet care*, USA:Mc Graw Hill, 2000.

Randy Kidd D.V.M, Ph. D, *Dr. Kidd's Guide to Herbal Cat Care* Storey Publishing, 2000.

Rhea V. Morgan 외,『소동물 내과학』, 한국수의내과학 교수협의회 옮김, 신흥메드싸이언스, 2004.

Scott, Miller, Griffin,『소동물피부학』, 이승진 옮김, 지성출판사, 1999.

Sella, Wanda, *THe Directiory of Essential Oils*, UK: The C.W.Daniel Company Ltd., 2001.

Shelton, Melissa, *The animal desk reference*, California:CreateSpace Independent Publishing Platform, 2012.

Shojai, Amy, *New Choices in Natural Healing for Dogs & Cats: Herbs, Acupressure, Massage, Homeopathy, Flower Essences, Natural Diets, Healing Energy*, 2nd edition, Furry Muse Publishing, 2016.

其田三夫,『임상을 기초로 한 고양이 질병』, 김휘율, 박인철 외 옮김, 도서출판 샤론, 2003.

남경중의약대학 편, 중약대사전 제2판, 상해:상해과학기술출판사, 2006.

식품의약품안전처, 식품의약품안전평가원, 생약종합정보시스템, https://www.mfds.go.kr/herbmed

최승완,『에센셜 아로마테라피』, 서울:도서출판 의학서원, 2014.

피케른, 리처드 H. 외 1인,『개 · 고양이 자연주의 육아백과』, 양현국 외 1인 옮김, 서울: 책공장더불어, 2010.

저자소개

최승완

ITEC공식인증컬리지 국제아로마테라피

임상연구센터(IACC) 대표

가톨릭대학교 평생교육원 ITEC과정 담당교수

부천대학교 평생교육원 사회복지학과 지도교수

호서대학교 노인복지학 박사

국제전문테라피스트협회 회장

국제공인 ITEC아로마테라피스트

국제공인 ITEC림프드레니쥐 테라피스트

국제공인 ITEC리플렉솔로지스트

영국 BCMA아로마테라피스트

이부균

부산대학교 한의학전문대학원 교수

상지대학교 한의과대학원 한의학 박사

상지대학교 한의학과

고려대학교 법과대학원

고려대학교 법과대학

대한한의학 방제학회 회원

대한의료법학회 회원

박종무

수의사, 평화와생명동물병원 원장

국제공인 ITEC아로마테라피스트

배치플라워 전문가(BFRP & BFRAP)

가톨릭대학교 생명윤리학 박사과정 재학

동물보호시민단체 KARA 이사,

의료봉사대 대장 역임

미국 홀리스틱 수의사회(AHVMA) 회원

안혜진

ITEC공식인증컬리지 국제아로마테라피

임상연구센터(IACC) 전문강사

국제공인 ITEC아로마테라피스트

영국 BCMA아로마테라피스트

엄성신

ITEC공식인증컬리지 국제아로마테라피

임상연구센터(IACC) 전문강사

국제공인 ITEC아로마테라피스트

영국 BCMA아로마테라피스트

반려동물을 위한

아로마테라피와 약용식물

2026년 3월 10일 인쇄
2026년 3월 16일 발행

저 자 최승완 · 이부균 · 박종무 · 안혜진 · 엄성신
발 행 인 이승수
발 행 처 도서출판 의학서원
등록번호 제 406-00047 호
주 소 인천광역시 연수구 송도미래로 30 송도스마트밸리 지식산업센터 D동 504호
Tel 032) 816-8070(代) Fax 032) 837-5808
홈페이지 www.dhsw.co.kr
정 가 20,000 원
I S B N 979-11-6308-000-8 93520